向着目标前进

韩 笑·编著

吉林文史出版社

图书在版编目（CIP）数据

向着目标前进 / 韩笑编著. —长春：吉林文史出
版社，2017.5
ISBN 978-7-5472-4185-1

Ⅰ.①向… Ⅱ.①韩… Ⅲ.①成功心理—青少年读物
Ⅳ.①B848.4-49

中国版本图书馆CIP数据核字（2017）第110232号

向着目标前进
Xiangzhe Mubiao Qianjin

编　　著：韩　笑
责任编辑：李相梅
责任校对：赵丹瑜
出版发行：吉林文史出版社（长春市人民大街4646号）
印　　刷：永清县晔盛亚胶印有限公司印刷
开　　本：720mm×1000mm　1/16
印　　张：12
字　　数：129千字
标准书号：ISBN 978-7-5472-4185-1
版　　次：2017年10月第1版
印　　次：2017年10月第1次
定　　价：35.80元

目 录

CONTENTS

 # 放大优点，缩小缺点

身边案例

现代社会，人与人之间的关系早已升华为一种艺术，其中学问太多，意味深长。俗话说，不经事则不长智，人都在绞尽脑汁地寻求一种与人沟通的捷径，让彼此的沟通变得更简单。但是，要记住，这世上没有十全十美的人，每个人身上都有缺点。

有一位老师走进教室，在黑板上点了一个点。他问班里的同学："这是什么？"

讲台下很多同学异口同声地回答："一个点。"

老师表情很惊讶地说："这只是一个点吗？这么大一块黑板你们没看见？"

卡耐基说过："与人交往时，让我们记得，我们不是同理智的动物交往，我们是同有感情的动物交往，与竖着偏见刺毛且满心骄傲虚荣的动物交往。"

制胜法宝

同学之间的交往远比社会上的交往真实，或许生活中的你们时常见面，但是他真正的优点往往被你忽视，那些让你不开心的小黑点却总是让你记忆犹新。就像卡耐基说的那样，我们不是同理智的动物交往，我们是同有感情的动物交往，所以我们不能只看到身边人的一个小问题，而否定他整个人。当然，有些细节确实可以反映一个人的品质，但我们更应该看到的是一个人积极的方面，而不要过于苛求，因为我们要找的是朋友。

在校园生活中，你会接触很多同学。面对你不喜欢的同学时，你要试着接受。你不喜欢他说明你对他不了解。在学校生活中，不要过于自我地去看待人和事，不要一概而论，要综合评定，人是可以犯错误的，十全十美的人根本不存在。

遇到问题时，可以适当地和同学、老师说，和大家一起讨论。当同学帮助你的时候，你要大胆接受，别想着他人是有所求而接近你，没听过"小人长戚戚"吗？虽然他们不是十全十美的，但是可以为你提供一个好的想法。

对于那些你讨厌的人、你不理解的人、和你关系不好的人，你可以尝试着站在对方的角度去想问题，从而找到他身上真正的优点，而不是死咬住缺点不放。宽容是关键。要尊重对方，关心对方，多赞扬对方。当关系不好或恶化的时候，一定要主动向对方示好，不要难为情，朋友之间没什么不好意思的。

　　遇到那种个性很强的人，就更不应把他的话放在心上，耿直没有错，只在于你去如何解读耿直行为背后的含义。

　　与人相处，重在以诚相待，包容他人的短处。

擦掉"三八线"

身边案例

学校，也应该算是人际交往的小社会。同学之间，简单而又纯洁，没有什么大不了的事儿，但如果处理不好同学之间的关系，或多或少也会影响到自己的学习和身心。尽量减少与同学之间的摩擦是非常必要的，处理好同学之间的关系是一门学问。

我们都会记得小时候与同桌的那条擦也擦不掉、留也留不住的"三八线"。现在想一想是不是觉得很可爱？因为同桌越过界限而用手中的笔狠狠戳了他的胳膊，而在自己需要帮助的时候，他又会不顾一切帮助自己，由此心生愧疚地擦掉"三八线"。同桌一次又一次地贴心帮助，偶尔地冷眼相看，让这浅浅的"三八线"进退两难。

在与人交往的过程中也难免会遇到一些摩擦，这些都很正常，尤其是与自己的同桌。同桌是我们学生时代的一个特殊的朋友，他可能是大度的，也可能是小气的；可能是果断的，也可能是犹豫不决的；可能是讨人喜欢的，也可能是令人生厌的……不管怎么说，当我们离开校园时，会发觉同桌当初的一切都是那么可爱，令人怀念。

因此，与其将来的某个时刻回忆起当时曾有对不住同桌的地方，倒不如从此刻开始，与同桌搭建坚固的友谊桥梁。

制胜法宝

再美好的青春岁月，如果没有那么一两个老同桌来牵着你的心，也一样会暗淡无味。如果不能原谅彼此的缺点，便不能友谊长存，与同桌有心结会激化矛盾。这时候，倒不如静下心来，换一个角度去思考这个坐在你身边的人，对照自己平时的做事方式和当下的态度，及时发现哪些不合理，从而找出问题所在。

友谊是天地间最宝贵的东西，真挚的友谊是人一生最大的财富。想一想，现在的你，每次遇到困难或是不开心，在课堂上无心听课、闷闷不乐的时候，是谁第一个温柔地排解你心中的焦躁，并悉心聆听你的苦恼，在不知不觉中解开你的心结？没错，这个人就是你的同桌。

有人曾这样评价友谊的重要性："得不到友情的人将是终身可怜的孤独者；没有友情的社会，只是一片繁华的沙漠。"如果把友谊比作一个果篮，那么真挚、诚意、热情、尊重、宽容、理解、安慰、帮助等就都是友谊的果篮里最丰富的养分。

你的同桌，是不是个爱画"三八线"的人？如果是，那么你不妨大方地告诉他，桌子上的地盘儿都是他的，但这不会妨碍他成为你的好朋友。相信你这么一说，那条"三八线"是永远都不会刻在彼此心中的。

11

换个角度产生的包容与爱

身边案例

有的时候人是很固执的，不愿意轻易地改变自己的想法。然而正是这种固执，让人们徒增了太多烦恼和负担，并给他人带来烦忧。

有两个妇人在聊天，其中一个问道："你儿子还好吧？"

另一个回答："别提了，真是不幸哦！"

这个妇人叹息道："他实在够可怜，娶个媳妇儿懒得要命，不做饭，不扫地，不洗衣服，不带孩子，整天就是睡觉，我儿子还要端早餐到她的床上呢！"

妇人又问："那女儿呢？"

另一个妇人回答："她可就很幸运了。"

妇人满脸笑容："她嫁了一个不错的丈夫，不让做家务，全部都由先生一手包办，煮饭、洗衣、扫地、带孩子，而且每天早上还端早点到床上给她吃呢！"

同样的状况，当人们从"我"的角度去看时，就会产生不同的心态。站在别人的立场看一看，或换个角度想一想，很多事就不一样了。一旦你有了更大的包容，就会有更多的爱。

心要是累了，就转换一下自己看这个世界的角度；觉得压抑的时候，不妨试着换个环境去呼吸更新鲜的空气；遇到问题、感到困惑的时候，不如换个角度去思考；犹豫不决的时候，就换个思路去选择；情绪郁闷了，换个地方去寻找一些快乐；烦恼来的时候，换个思维方式去排解烦恼；想要抱怨的时候，就换一个方式去处理问题；自卑的时候，换个心态去衡量自己的价值……

换个角度，其实只是转变一下想法的事情，不需要你付出体力。不需要你付出金钱，得到的结果却是截然不同的，能瞬间让你远离那些不快乐。转换一下自己，换个角度去面对生活，世界的美好将会超出你的想象。

有一个小男孩儿，在心情不好时就会靠着墙倒立。他说："正着看这些人、这些事，我会心烦，所以我倒着看世界，觉得所有人和事都变得好笑了，我就会好过一点儿。"

每个人的情绪都像月亮，有阴晴圆缺，在茫茫人海中寻找和自己性格相配的人，为了生活，为了学习，为了金钱，为了爱情，我们心甘情愿地去磨平自己或是弥补自己看起来并不完整的那一部分，避免在接触时让对方留下伤痕。

　　我们在生活中学会尊重、表达、直接、积极、妥协、包容、把握、信任，懂得了珍惜、倾听、分享、牺牲，这种转换角度看待万事万物的方法，会让你在与他人相处时得心应手。

制胜法宝

在生活中，换个角度看问题非常重要。正像故事中说的那样，妇人从不同的角度去看待同样的问题，却把两个人的人生变成了两个世界。

众所周知，司马迁一生历经磨难，受到宫刑，吃了不少苦头儿，但这些正是他日后创作"史家之绝唱，无韵之离骚"——《史记》的一段必要的前奏。如若他当时只沉浸在苦难中不能自拔，而不是以此发愤图强，那么他也只能成为凡夫俗子。

与人相处也是如此。每个人都会有或多或少的朋友，为什么有些人的朋友多而有些人的朋友寥寥无几？兴趣爱好是一个决定性因素，但更重要的因素，还在于一个人是否能用积极的眼光去看待他人。

优点和缺点在积极的人眼中，会发生本质性的转化，这也是不少人"人缘儿"出奇好的原因之一。他们总能盯住别人的优点，而把缺点忽略。在与这类人交往时，也逐渐吸收优点，抛弃缺点，这样的交往和相处，产生的只能是巨大的积极力量。更多的包容和爱，不仅来自他人主动地呈现，还在于我们主动地挖掘和发现。

一片落叶，你也许会看到"零落成泥碾作尘"的悲惨命运，但只要换个角度想，你便会发现它"化作春泥更护花"的高尚节操；一根蜡烛，不久便会"蜡炬成灰"，但它为人照亮了前面的路；一支粉笔，在黑板上写不多久，生命便会结束，但它在同学

们心中撒下了知识的种子。

　　换个角度，世界精彩；换个角度，你舒服，我舒服，大家都舒服。

宽容的学问

身边案例

生活中，也许你会遇到一些受伤害的事情，其中，最致命的大概是在友情方面遭遇欺骗和背叛。有的人可以容忍陌生人的欺骗，但绝对不能容忍朋友之间的背叛。为什么我们会这样纵容陌生人，却无法原谅自己的朋友？如果对朋友宽容一些，给朋友一次机会，或许友谊之花会永远盛开。

曾经有一位德高望重的长老，在寺院的高墙边发现一把藤椅，他心里很清楚，这把椅子是用来越墙出寺用的。于是长老搬走了椅子，在那个地方席地打坐等候。

午夜，外出的小和尚爬上墙，再跳到"椅子"上，小和尚觉得"椅子"突然很奇怪，看清楚后的小和尚吓傻了，此时才发现

那根本不是椅子而是长老。小和尚吓得捂着脸仓皇离去，这以后的一段日子他诚惶诚恐地装作什么事情都没发生，心里却做好了随时被发落的准备。

但长老并没有这样做，压根儿没提及这"天知，地知，你知，我知"的事儿。小和尚从长老的宽容中获得启示，他收住了心，再没有去翻墙，并且主动找到长老提及此事。长老却说："那晚打坐，什么事都不知道。"小和尚听长老这么说十分感动，从此刻苦修炼，后来成了寺院里的佼佼者，若干年后，成为寺院新的长老。

制胜法宝

人最大限度地忍让并不是大度，而宽容才是真正的大度。

宽容不仅需要"海量"，那更是一种修养促成的智慧。事实上，只有那些胸襟开阔的人才会自然而然地运用宽容，反之，则会像故事中隐含的另一层意思：长老拿小和尚开刀，"杀一儆百"，因为这是完全合理的。这种做法，会让小和尚受到惩罚，也以此警告了那些曾想着溜出去的小和尚。不过，被惩罚的小和尚却未必会心服，他或许会做出不理智的事情。可见，很多事情只在一念之间。一念宽容，容下的既是他人，也是整个世界。

在学校与同学之间的相处更应该以宽容为基础。有的时候，同学之间会因为一些小问题而发生矛盾，甚至因玩笑过分而发生争执。这时就需要你用一颗宽容的心来处理这些事情，忍让一下，会让同学们看到你的风度，他们会更愿意接近你。

对人、对事的包容，是一种品质，这种品质需要一个人经历足够多的事情才可拥有。生活中常常有人把宽容当作软弱，但事实上这是一种坚强。当然，无可奈何地被动放弃不算是宽容，我们也不需要学会那种"宽容"。宽容，是由心而发，是真诚地去宽慰某人、某事，它是化干戈为玉帛的最佳武器。

因为宽容，人的胸怀博大如海，任恩怨沉浮；因为宽容，人的品质伟岸如山，让爱恨情仇纵横；因为宽容，人才有了永恒的美丽。

人生的得与失

身边案例

　　人的一生，如果失去了金钱、名利、资源，只要你去努力赚取，还会重新拥有。但如果失去了人格、道德、品质，这些却是短时间无法再获得的。想要有一个好的交友之道，那么就应该明确人生的得与失，得人容易，失人更容易。交友之道中的得失，包含了深刻的人生哲理。

　　最近网上出现这样一个故事：风浪中，一艘船遇难，有一位学者幸免于难，被冲到了一座荒岛上。为了能回到家园，这位学者整日翘首以待，希望能有船只经过，带他回家。然而，他盼得"花儿都谢了"，还是没有船来。学者为了能够一直活到船只到来的时候，辛辛苦苦地弄来一些吃的，还用树枝搭建睡觉的地

方。他每天都会默默地向上帝祈祷，希望有船经过。

几天后，不幸的事情发生了。那天他去寻找食物，等回来的时候发现自己的"小窝"已经化为灰烬，眼睁睁地看着自己的"家"在浓烟滚滚中消失不见，这让他悲痛万分，眼中瞬间泛起了绝望，他在痛苦中不知不觉地睡着了。

天一亮，他醒了过来。当他还沉浸在前一天的痛苦中时，猛然间，他被一声汽笛声惊到，不远处一艘巨大的货轮正在靠近小岛。他高兴地欢呼，好像忘记了一切痛苦。

"你们是怎么知道我在这里的？"他问。

"我们看见了你燃放的烟火信号。"

制胜法宝

万物循环，有因必有果，有得必有失。但人们往往都会记着失去的，而不记着得到的，所以很多时候，都会造成所谓的"心理不平衡"。

人生在世，总是在得与失之间徘徊，在失去的同时，也往往在另一方面正在获得，只要认清这一点，我们就不会在损失的时候有任何后悔，就能让生活变得更快乐。

生活中的你我都一样，只喜欢得，而不喜欢失，但是"塞翁失马，焉知非福"，得失共存。

古语云："失之东隅，收之桑榆。"有得有失的人生才是自然和谐并且平衡的。失之固然可悲，但得之也能可喜。

不管在学校里还是社会上，我们都会交往各类朋友，甚至有时交友并未遵循道义之交、情谊之交，如此交来的朋友，或许根本就是我们人生的一种损失。有些人朋友很多，却没有真心的朋友，如此得到了朋友，却失去了自己的那份交友的真诚。

不过，无论怎样，都应坦然面对得失。所谓坦然，即属于你的，要好好珍惜，不属于你的，也不要惦记，否则只是自寻烦恼，自讨苦吃。患得患失并不理智，得失不计则不现实。该得到的，你始终都会得到，该放弃的你怎么也求不回来。这样才能正视得失，找到生活的真正意义。

对于得失，认知程度也要分明。在生活中，有的得并不是想得就能得到的，而有些失也不是想失去就可以失去的。

　　对于得失，取舍更要明智。与人相交，我们指望着获得一份难得、珍贵的友谊，而非酒肉之友。如此，当那些会吞噬我们心灵的人接近我们时，果断舍弃方是明智之举。

　　得失之道，需要我们用一生去理解、去权衡。年轻的我们，可能无须把更多心思放在判断他人的本质优劣上，但需要明白的是，交好友，如得一宝，用时无忧；交恶友，如得一祸，用时厄运连连。

你从来不是一个人

身边案例

塞缪尔·巴特勒说，不管一个人的力量大小，他要是跟大家合作，总比一个人单干能发挥更大的作用。

从前，吐谷浑国的国王阿豺有20个儿子。20个儿子都很有本领，难分上下。20个儿子自恃本领高强，都不把别人放在眼里，平时明争暗斗，不知道相互合作，反而在背后相互说坏话。

阿豺见此情况，极为担忧，他明白敌人一定会以此为突破口。更让他忧心的是，他已年老体衰，根本无法亲自抵御外敌了。

这一天，久病在床的阿豺预感到死神就要降临了，幸好此时的他也有了主意。他把20个儿子都召集在床前，吩咐道："你们

每人都放一支箭在地上。"儿子们照做。阿豺又叫来自己的弟弟慕利延，对他说："你随便拾一支箭折断它。"慕利延顺手捡起身边的一支箭，稍一用力，箭就断了。阿豺又说："现在你把这些箭捆绑在一起，再折一次试试。"

慕利延抓住那捆箭，使出了吃奶的力气，咬牙弯腰，脖子上青筋直暴，折腾得满头大汗，却没折断。

阿豺见此情形，语重心长地对儿子们说："你们看到了吧，一支箭很容易折断，可是合在一起却很难折断。你们兄弟之间也应如此，如果互相斗气就会被敌人像箭一样一根根折断，合在一起，齐心协力，才会力大无比，无坚不摧。你们应合力保卫国家。

懂得合作，善于合作，是所有成功人士的能力，他们明白一个人的力量是薄弱的，一些人的力量是强大的。而与人合作，不仅仅是借助他人的智慧和能量，更是促成他人和自己一起走向梦想巅峰的绝佳办法。

制胜法宝

折箭的故事，告诉了我们团结就是力量的道理，只有团结起来，才会产生巨大的能量和超高的智慧，并以此克服一切困难。

俗话说，"一个和尚挑水喝，两个和尚抬水喝"，相互合作往往能激发出不可思议的潜力，集体协作的成果往往能超过个人所创造的全部价值。在学习上更应该如此，相互学习，相互监督，相互辅导，都会产生意想不到的效果。

同学之间互相学习，可以让彼此接受不同的观点，可以拓展思维，促进大脑的发育，让我们在对待普通事情时会有更多层面的思考。更重要的还在于，互相学习、合作学习，会提高学习效率，最终实现双方、三方或多方合作的共赢。

互助协作，还可以促进你与同学之间的感情，相信当你帮助同学的时候，同学的内心在充满感激的同时，更会义无反顾地回报你，在你需要帮助时伸出援手。互爱互助，互相沟通，互相鼓励，本身就是人际交往方面的有效合作，而纵观那些有成就的人，无一不是懂得与他人合作之人。他们懂得分享自己的经验，以此可以换取他人的经验。两方面的融合，又会产生新的方式和方法。

相互合作是十分必要的，纵观古今，相互合作成功的故事不胜枚举，马克思和恩格斯就是典型的例子，两人用了几十年写成的《资本论》，为人类开辟了一条新的道路，这就是相互合作的成果。一滴水只有放进大海里才永远不会干涸，一个人只有当他

把自己和集体融合在一起的时候才最有力量。

　　"同心山成玉，协力土变金。"不管是大团体，还是小团队，如果组织涣散，人心浮动，注定会迎来失败。而不管你身在何处，身份如何，都应该学会与他人合作。

送人玫瑰，手留余香

身边案例

有些时候，我们手上现有的资源也许不能为自己所用，但是可以帮助别人。如果你能无私地为他人着想，那么当你遇到困难的时候，他人也会像你一样无私地给予你最需要的帮助。

年幼的孙叔敖是个非常懂事、听话的孩子，勤奋好学、尊重师长、孝敬母亲，邻居们都很喜欢他。一次，孙叔敖在村外游玩，忽然看到自己的前方出现了一条双头蛇。乍一见这条蛇，他心里不免一惊，连看都不敢看那双头蛇一眼，慌慌张张地想逃走。但跑了一半，他又跑了回来。他决定马上把这条双头蛇打死，随即捡起路边的大石块，打死了双头蛇，并把它深埋在别人不会去的地方。

　　回家后，孙叔敖一直闷闷不乐，母亲看后便问："孩子，你怎么啦？"孙叔敖怕母亲担忧，便说："没什么。"母亲摸着他的头问："是不是生病了？"孙叔敖忍不住拉着母亲哭了起来。他边哭边说："今天我在外面看到了一条双头蛇。听人说，看见这种蛇的人会死，要是我死了，就再也见不到您了……"母亲忙问："那蛇现在在哪儿？"孙叔敖边哭边说："我怕别人看见也死去，所以把它埋起来了。"母亲听后很感动，安慰他说："孩子，你做得很对，为别人着想的人是不会死的，好人是有好报的。"后来，此事被乡民知道，孙叔敖被村里人称为小英雄，从此他成为村里孩子的榜样。

　　爱默生说："人生最美丽的补偿之一，就是人们真诚地帮助别人之后，同时也帮助了自己。"

　　为他人着想，其实就是为自己着想，一个总能站在他人角度看问题的人，在得到他人的感激之后，他本身也会收获来自"付出"的"回报"。

制胜法宝

故事中的孙叔敖在面对个人危险时也退缩了，但是想到如果自己不杀死双头蛇，村民看后就会有危险，所以他决定把所有危险都承担下来。

俗话说："送人玫瑰，手留余香。"我们在帮助别人的时候，同样是在帮助自己，当然，我们得到的可能不是直接的、物质上的利益，但是一定会得到间接的、精神上的收获——境界的提升、心态的改善、助人的快乐等。这些收获虽然看不见、摸不到，但是会让我们长久地获益，甚至是终身受益。这是用金钱无法换取的。

现实生活中，我们能够给予别人的帮助其实小之又小、少之又少。作为青少年的我们，无法对身边人出手阔绰，或者说，身边人鲜有需要使用大笔金钱的时候。不过，在生活上、学习上，我们却有太多给予他人关怀的时候。

即便我们尚未步入社会，也要明了与人为善、宽待他人的道理，要懂得助人是个人修养的一种体现，更是促成一个人获取成就的动力之一。很多时候，我们可能只要拿出一点点时间，就能帮助困难中的朋友或那些需要帮助的人，与此同时，我们亦能收获一笔宝贵的精神财富。

有一首歌里唱道："接受我的关怀，期待你的笑容，人字的结构就是相互支撑。"青少年朋友们，虽不必高呼"以团结互助为荣，以损人利己为耻"的口号，但内心要有这种情怀，要在自

永远有多远

身边案例

曾经，我们把未来的方向设定好，带着心中的那份期许向某个方向寻觅着属于自己的世界，只是那时的我们并不知道自己想要的答案到底是什么。

"未来总是充满着诱惑，但又隐藏着无数的挑战，好像留着什么给对它抱有信心的人。"这句话在一定程度上把未来这个词剖析得很彻底。

每个人，每天早晨醒来，其实都做好了准备面向未来。年轻的我们，想要快快长大，以便离开父母。这并不是一个处于叛逆期的孩子的任性，而是一个人天生向往、追随自由的本能，这便是我们每个人都应该赋予自己面对未来的挑战和未来那些属于我

们无限期自信。

《泰囧》这部电影，几乎让每个人都笑得前仰后合，王宝强在其中的表演完全不逊于徐峥。王宝强出生在农村，有些人会认为他的成功完全依靠运气，但事实上，他只是在遥遥无期的未来和梦想中付出了很多人不愿意付出的辛劳，并忍受着别人不愿忍受的痛苦。他让自己遥远的梦想变得不再遥远。

王宝强是勤奋的，有着实现自己梦想的计划，凭借着努力和认真的态度，博得了电影导演的青睐，并接到《盲井》摄制组的邀请，出演男主角。

王宝强曾经说过这样一句话：信念这玩意儿不是说出来的，是做出来的！

制胜法宝

信念，是我们心中最强大的精神支柱，也是我们赖以生存的能量源泉。一个人的信念往往可以改变一切——人生、梦想、环境，一切源于主观意愿的想法。应该说，这是促成成功的一种因素。只要你敢想敢做，付出努力且坚持不懈，梦想一定会成真。

"傻根儿"，一个曾经被人忽视的群众演员，如今却成了影坛上一颗闪亮的新星，在两年时间内迅速成为中国炙手可热的明星之一。但在成名的背后，王宝强所付出的艰辛恐怕只有他自己知道。

小时候的他在少林寺学武，长大后的他开始了北漂生活，住在地下室，接着是茫然不知所措的群众演员身份，累得死去活来的农民工身份，但这个满怀梦想的家伙，却鼓足了勇气接受这样的挑战。王宝强曾回忆自己小时候坐在电视机前，却从来没有想过有一天会登上银幕，这对他来说是多么遥远的梦想。

王宝强的家里很穷，父母都是种地的农民，当时父母也希望王宝强能老老实实种地，做个庄稼汉，但不管怎么劝说，他都坚持着自己遥遥无期的梦想，从未放弃。最后王宝强只身来到了北京，离开家那天他说："我真不想种一辈子地。"就是这么一个看似平淡的决定，却改变了他的一生。

在北京的日子很辛苦，没有住的地方，只能住在地下室，潮湿冰冷一直陪伴着王宝强。本以为能拍到电影，却发现每天都要在群众演员里等待机会。和其他北漂的年轻人一样，王宝强碰到

过骗子，也结识了很好的朋友。

渴望着通过电影出人头地的他，并没有因电影而过上好日子，甚至连基本生活都难以维持。就这样，迫于强大的生活压力，他不得不去做每天只有25元工钱的建筑工人。当时王宝强脑中也闪过放弃梦想回家的念头，但为了一口气，他咬牙坚持了下来，正是这样的坚持成就了现在的王宝强。

我们每个人身边都有太多轻言放弃的人，王宝强的故事告诉我们，未来很美好，梦想很美好，我们的每一个计划都很美好，只要我们脚踏实地，有阶段性的计划，能在适当的时候听取前辈或他人善意的建议，一切美好的梦想就都可能变成现实。

坚守信念是不可缺少的，不要畏惧困难的程度和梦想的遥远，因为永远其实并不远。只要我们能有一个正向积极的态度，有一个自己愿意始终如一坚持下去的信念，永远便将不再遥远。

此时，若有人问你永远有多远，相信你会自信地比出胜利的手势告诉他：朋友，永远只有这么远！

命运是一种神奇的东西，只要心存梦想，梦想就能成真。

高瞻远瞩

身边案例

在安逸的生活中，在父母的陪伴下，我们似乎只看到了眼前，忘记了我们"与生俱来"的高瞻远瞩的能力。

远见可以决定一个人的未来走向和成功与否。有时，我们不要只是看到一个家庭、一个班级或是一个小团队，我们要学着去看全世界。

远见是没有时间、地域限制的，亦是没有空间阻隔、没有任何障碍的，只要你想，你有胆识，把每个细节都考虑清楚，你就有可能是具有远见的。

拿破仑·波拿巴是法兰西第一共和国执政、法兰西第一帝国皇帝。拿破仑刚刚参加部队的时候，他看见他的很多士兵同伴儿

正在用大部分休息时间去享乐，去追求女人，甚至去赌博，但他没有随波逐流。

天生身材矮小的拿破仑，并不受人喜欢，就是这种原因，促使他选择了埋头苦读、认真学习的方法，去和那些浪费时间的同伴儿竞争。也正因如此，他才能取得一般人无法取得的成就。

在军队里，拿破仑可以不花一分钱就在图书馆里看各种各样的书籍，喜欢的、不喜欢的，他都认真读完，在那段时间里，他收获很大，既增长了知识，又提升了自己。他很有方法，既会选择自己喜欢的书籍阅读，又把那些自己兴趣不大的书籍甄选出来，作为增长自己的智慧之用。对他来说，读书并不是消遣，而是为自己的理想和自己想要的未来做准备。他下定决心，要让全世界的人改变对自己的看法，让所有人的目光不单单是注视他的身高，而是他出众的领导才能上。

后来，他的长官看到了他经学习后具备的才能，发现不管多么困难、多么复杂的工作，拿破仑都能做得极好。就这样，他有了更多的机会，这也开启了拿破仑日后的政治道路。

关于远见，拿破仑说了这样一句话："中国是一只睡狮，一旦它醒来，整个世界都会为之颤抖。它在沉睡着，谢谢上帝，让它睡下去吧。"

制胜法宝

这样简单的一句话，已经能看出拿破仑的远见，这是他对整个世界战略的大局观。他已经看到未来中国的发展前景。的确，现在的中国就是雄狮，而且已经醒来。

促成拿破仑极具远见的因素很多，阅读不失为一个重要的因素。当时，拿破仑居住在一间既狭窄又阴暗的房子里，每天面无表情，一动不动地阅读。因为长久不见太阳，他脸上渐渐少了血色，人也变得孤寂沉闷，但这种外在甚至内在的变化，却改变不了他坚持阅读的习惯，他就那样一直坚持阅读。

拿破仑锻炼远见能力的方式好像很简单，就是不断学习，用知识武装自己的头脑，不放过任何一次机会。除了阅读，每一次任务的完成，都让他切实地验证了脑海中勾勒出的图景的真实程度，这大概是远见变成现实的过程。

梦想成真是人人都想实现的，却不是每个人都有能力实现的。一个真正高瞻远瞩的人，首先会是一个脚踏实地的人，他会一步步实现自己的理想，把理想划分成阶段性的小目标，逐一完成。

显而易见，在这个过程中，小目标的成功促成了大目标实现的可能性。就这样，将大目标划分成小目标的这类人的远见便一目了然了。

41

博采众长

身边案例

博采众长，是广泛学习、吸取、采纳别人的优点和长处。

任何一个人，当他达到一定高度时，在通常情况下都会沾沾自喜，从而变得骄傲，不再谦虚，更别提接受别人的意见了。

事实上，不论是做人还是学习，谦虚都是让人提升自我、逐步走向成功的关键。排斥谦虚的人，要想达到更高的高度，登上更高的顶点，似乎有一点儿困难，原因在于他不懂得谦虚，就不会虚心学习、求教，就无法虚心接受他人的意见，故此便无法得到进步与成长。

李小龙是一位传奇巨星，甚至毫不夸张地说，他应该称得上是神一般的男人。不管是在影坛还是武术界，他都是当之无愧的

巨星。人们喜欢李小龙，绝不单单因为他功夫好，更重要的还在于他心胸宽阔，有着高尚的思想和谦逊的学习态度。

李小龙成名后，有很多拳师想用激将法让他向当时的传奇拳王——穆罕默德·阿里发起挑战。当时，阿里是李小龙最佩服的美国职业拳手。

拳王阿里叱咤拳坛，保持着不败的纪录，每一次拳王卫冕战，李小龙非看不可，绝不错过。对于其他拳师的鼓动，李小龙很不解，他通过媒体做出了最好的回答："我为什么要向阿里挑战？这就像拿着笔的人，是不能跟操刀的人比试的。就像用你的文才和别人的武功比高低一样。"李小龙的回答很机智，但也引来了那些好事分子的嘘声。李小龙说："在职业拳击的规则里，我并不是阿里的对手，若是普通比武中，我未必就会输给阿里，比起这些，我更想向阿里讨教一些拳击的技巧。"

制胜法宝

李小龙并没有把自己放在神的位置上，也没有因为自己的名气，高傲到目空一切的地步。对于拳王阿里，他有的只是敬重。所谓"博采众长"，即是学习他人的长处，弥补自身的不足。当然，虽然李小龙所在的领域与拳王阿里不同，但谁规定只有同一领域的人才能互相学习呢？

有一个虚心学习的心态，要比眼下借助某些手段获得荣誉更重要。谦逊，是让人进步的动力；傲慢，是让人退步的动力。懂得这个道理，就懂得了吸纳他人优点的道理。

李小龙在13岁时，便向师父叶问学习咏春拳，每天悉心听从师父的安排，对师父尊重有加。此外，他还练过螳螂拳、洪拳、少林拳、戳脚、白鹤拳等拳种，为了提高自己的搏击水平，还刻苦钻研国外的各种拳法，虚心向各国拳师请教。

可见，人若无法让自己的心静下来，就会一直处于自满的状态，满而溢的道理很简单，那是一种没有收获，反倒损失的状态。李小龙自然懂得其理，这为他日后的成就打下了坚实的基础。

每个人都有自己的优点和缺点，每个人也都有属于自己的过人之处和短板，认清自己的优缺点，是保证只进不退的基本条件。

年轻的你，不要因一时之优而错过大好的学习机会，自己的优点保持住，别人的优点学过来，不断地去学习，才能让自己进步，让自己的优点升华，缺点凝固。这既会给别人带来快乐，也让自己交到更多的新朋友。

　　实现自己的梦想，是一个艰难而长期的过程，但无论过程多艰辛，你若培养出自己纵览全局的能力，那么就有享受成功果实的淡定之心了。

 # 有则改之，无则加勉

身边案例

在批评面前，我们总显得不那么虚心，总在找着各种理由进行反驳。有时，把眼光放远点儿，就会了解他人的刁难，是让我们心态改变，从而改变人生的开始。

20世纪最伟大的心灵导师和成功学大师卡耐基曾多次讲到这样一个故事：

很多年以前，卡耐基在他所创办的成人教育版和示范教学会中工作，一次，来了一位来自纽约《太阳报》的记者。该记者没有给卡耐基留丝毫情面，不断地刁难他，这对他的工作造成了不小的影响。

当时的卡耐基非常生气，觉得这个记者是在侮辱自己，他实

在不能容忍。于是，他马上告知《太阳报》执行委员会的主席古斯季塔雅，并要求他刊登一篇文章，来描述事实。卡耐基下定决心要让犯错误的人受到惩罚。

其实，此刻的卡耐基已经意识到自己的举动有些不合适，甚至他感到一丝惭愧。他知道，那份报纸没有多少人会认真读完，看到的人中也有一半不会把这些当重要的事情看，而另外一半可能在几个礼拜后把这事忘得一干二净。由此，卡耐基得出了一个重要结论：虽然我们不能阻止别人对我们做出任何不公平的批评或是意见，但是我们可以决定是否要让自己受到那些不公正批评的干扰。

因此，做你应该做的事，然后收起你的那把陈旧的破伞，免得让批评的雨水湿透全身。

制胜法宝

卡耐基是一个有长远眼光的人，因为他看到了那些评论的背后，更看到了自己若真那么做会造成的后果。对于他人的批评和指责，我们首先要做的不是反抗，而是沉下心来，去判断若反抗会得到什么。如果反抗的结果会扩大事态，那显然是不明智的。

我们在接受别人意见的同时，要在心中明确这个意见是否正确，面对批评亦是如此。否则只会大呼小叫，不但挽回不了你的面子，反而会毁坏你在他人心里的形象，即便你因反抗而暂且占据上风，也是得不偿失。

批评和指责，对我们每个人来说如同家常便饭。人无完人的现实决定了我们在他人眼中会有这样或那样的缺点。不过，那些取得了某些成就之人，却会对他人的意见善加利用，他们看到了那些意见背后的价值，觉得那是一笔财富，而事实上，那果真是一笔财富。遗憾的是，我们中间的大部分人都漠视了，并拒绝挖掘这座宝藏。

面对批评的时候，最重要的还是要调整好心态。如果他人的批评太主观，我们不妨用平和的心态来勉励自己；如果他人的批评是对的，也不要因此而自卑自怜、妄自菲薄。面对批评，要思考、要冷静，有则改之，无则加勉。

人的一生，总会面临他人与我们恰恰相反的意见，每一次意见相左其实都会让我们成长，都会在不知不觉中，潜移默化地督促我们前进。

看到梦想实现之前的那一步

身边案例

　　很多人总是高估自己1年内所能完成的事，而低估了自己在10年之内所能完成的事。人生最重要的是开始，但要取得成就，就需要一段时间。大部分人对自己的未来似乎都充满信心，可结果总是事与愿违。

　　提起施瓦辛格大家一定不陌生，他是"终结者"的代言人，促使他走向成功的奥秘之一，就是他制订了清晰而长远的计划。

　　四十几年前，有这样一位心怀大志的年轻人，虽然当时他是一个穷小子，在贫民窟长大，但是他立志要成为美国总统。

　　不过，他并不是个异想天开的人，他清楚地知道，要实现自己的理想，那可绝不是一件容易的事情。经过思索，他为自己制

订了一连串的人生长远计划：想要做美国总统，就要先做美国州长——要竞选州长，还需要强大的财团支持，想得到这一切则必须成为名人——而成为名人的快速方法就是做电影明星——做电影明星前，必须锻炼好身体。

就这样，施瓦辛格按照自己设定的思路，步步为营。

一天，他遇到了著名的体操运动员席库尔，聊天后他发现健美是个好方法。于是，他开始刻苦锻炼，持之以恒地练习健美，他渴望成为这个世界上最强壮、最健美的男人。几年后，施瓦辛格凭借着自己强健的体魄，赢得了健美先生——赢得了欧洲乃至世界"健美先生"的称号。

22岁那年，他成功跻身好莱坞。在好莱坞摸爬滚打十余年，利用自己在健美方面的成就，一心塑造坚韧不屈的硬汉形象。终于，有位制片人找到他，并且邀请他出演《终结者》系列，他凭借这一系列影片在世界影坛声名鹊起。

而在他的电影事业如日中天时，他与相恋9年的女友终于走到了一起。值得一提的是，他的女友并非普通人，而是赫赫有名的肯尼迪总统的侄女。婚姻十余载，2003年，年逾57岁的阿诺·施瓦辛格退出影坛，纵身政界，并成功地竞选成为美国加州州长。

制胜法宝

阿诺·施瓦辛格的人生经历让我们记住了这样一句话：计划有多远，我们就能走多远。无论做什么事情，没有计划，就会失去方向。长远计划是无比强大的，而成功其实也只是个耐心等待的过程。

在我们身边，你可能注意到这样一种现象：某些人常常抱怨，抱怨自己和某些成功人士在同样的年纪时几乎经历相仿，却得不到同样的地位和金钱。为此，他们终日忧心忡忡，觉得自己的才能被埋没，没有能发现他们才华的"伯乐"。事实上，这种人的失败是注定的，因为他们缺少计划，缺少长远计划，更重要的是，他们缺少梦想成真之前的那一步。

梦想成真之前的关键一步如果落到实处，那么梦想成真就不再是空想。

其实，不仅仅是人生需要计划，生活、学习、工作都应该有计划。不管你心里有多大的梦想，或是想要获得多少财富，都必须对实现这个目标做出精心的准备，而在所有的准备中，长远的计划尤为重要。而你所要做的，就是为此付出长期的努力，并将大目标进行分割。这会让你的计划在实现上更显容易。

校园中的你我，学习是首要任务，而学习也是可以按照计划来完成的。学习上的长远计划，我们可能会把它定义为"成为年级第一""成为地区之一"，而要实现这样的目标，该怎么做，

相信你已经向施瓦辛格学会了。

　　罗马不是一天建成的，成功同样需要时间积累，长远计划就是你为自己的成功之路打造的一条最佳捷径。

多听别人怎么说

身边案例

有人说："只有自己才最清楚自己想要做什么。"于是闭目塞听，在错误的泥潭中越陷越深。有人说："当局者迷，旁观者清。"于是让别人决定自己。

相信自己与听取别人意见，看似矛盾，却又统一，就像我们的左膀右臂，缺一不可。

邹忌身高八尺有余，体态容貌出众。一天早晨，邹忌穿戴整齐，站在镜前看，他对妻子说："你说我同徐公相比，谁更貌美？"妻子说："当然是老爷您了，徐公怎么配得上与您相比。"邹忌心里很清楚，城北的徐公是齐国出了名的美男子。邹忌不相信自己会比徐公漂亮，于是又去问小妾："我与徐公谁更

貌美？”小妾说：“当然是老爷您了。”邹忌仍然怀疑。

第二天，家里来了拜访的客人，闲聊时，邹忌提起自己与徐公谁比较貌美的问题，客人回答：“这还用问吗？当然是您更貌美。”几天后，邹忌遇到了徐公，上下打量一番后，发现自己的容貌远不及徐公。晚上躺在床上思来想去，他想：妻子说我貌美是因为她爱我，小妾赞我貌美是因为她怕我，客人称我貌美是因为有事求我。

于是，邹忌拜见齐威王，并把这件事都讲给了齐威王听，还说：“他们都因为我是邹忌才这样说的，就像您，身为一国之君，疆土千里，百座城池，全国没有谁不有求于您，由此看来，大王您受蒙蔽太深。”齐威王说：“好！”于是下令，全国上下，不分官员百姓，能够当面指责他的都有重赏。命令刚下达就有不少大臣进谏，宫门内外如集市一般。几个月后，偶有进谏的。满一年后，即使有人想进谏，但已经没有什么可说的了。

“良药苦口利于病，忠言逆耳利于行”。自以为是的人，终要被社会和周围人淘汰的，而吸取他人意见，则可让一个人永远立于客观之地，立足于不败之境。

制胜法宝

人生在世，能够得到智者的批评是一件十分幸运的事情。要知道，批评一个人是需要很大勇气的，甚至会冒着极大的风险，因为谁都知道"多摘花，少摘刺"的道理。人人都喜欢听好话，谁都不愿意听批评自己的话。

在学校中的我们，时常会误解来自老师或家长出于关怀的批评，甚至把给予批评意见的人当成仇人。我们应该读懂这句话：朽木不可雕也。既然智者对我们提出意见，就说明我们是有价值的人，如果我们不学无术，目空一切，走到哪里都惹来大片呵斥之声，那么是没人愿意去改变我们的。

能够听取别人的意见和建议，好处是很多的，哪怕那些向你提意见和建议的人，是你很不喜欢的人，或者是你的"敌人"，是不如你的人，你也应该放低姿态，心平气和，认真听听他们的意见和建议，说不定，他们的话对你来说就是一次生命质量的升华。

另外一个关键点还在于，他们所说的未必就是为了针对你，只要他们说的是正确的或对你有价值，你都应该试着接受，甚至直接采纳。眼下，你会觉得他们的言语不中听，极其刺耳，不过，那些最不中听的话，将来可能是对你帮助最大的。

生活就是这样，总有让人意想不到的事情发生，骂你的人可能会成为帮助你的人，而夸你的人可能在最后加害于你，当面对你逢迎巴结，说尽美言，背后却尽放冷箭。

　　年轻的我们要养成听取他人意见的习惯，不管是好的还是不好的，当作是给自己一次考验思维、分辨优劣的机会。

　　更何况，众人拾柴火焰高，一个人的力量、想法、思维都是有限的，多一个人思考就多一份力量，听取别人的意见也是一种理智的行为。不同的人对于同样的问题，会从不同的角度去分析，这很可能会为我们提供新的视角，从而把我们从迷惑中解救出来。

　　更重要的是，假若为我们提出意见的是有经验、阅历丰富的人，那么他们的意见更能让我们少走弯路，以获得事半功倍的效果。现在，相信聪明的你早已了解，梦想成真根本不是一个人的事情，也并不是仅凭一个人的能力就能办到的。

发现真理

身边案例

真理是推动世界向前发展的原动力。但是，什么才是真理呢？

有一句名言解释得非常好：真理是出现在无数的问号、失败之后。在可续研究上，遵从事实的定理、定律、学说等，都是客观真理。

人们总会羡慕那些不惜牺牲生命发现真理的前人。其实真理无处不在，可能它就在你的身边。难道你不相信吗？那我们就从身边的这些小事情说起。

洗澡应该是再平常不过的事情了，那么请问你在洗澡过程中发现过什么奇怪的事情吗？当然，突然断水、断电除外。

　　有一个国王让人打造了一顶皇冠，但是他一直怀疑制作王冠的工匠会在王冠里做手脚。但是，又找不到任何证据，也没有任何检验方法。冥思苦想之时，他大脑中的"小灯泡"闪了一下，他找来了聪明的阿基米德。阿基米德果然没有让他失望，一口答应了下来。

　　阿基米德口头上虽然答应得痛快，但是心里很清楚，这个问题真的把自己难住了，于是他日思夜想，然而一直都想不出什么好办法。

　　一天傍晚，阿基米德在浴室洗澡，他一坐进浴盆，浴盆中的水就溢出来很多。同时，他感觉到身体周围都是气泡，猛然间，他跳了起来——他想到了办法！

　　第二天一早，他找了一个正好可以放下王冠的容器，在里面倒满水，又找来一块和王冠一样重量的黄金。他要做一个试验。

　　试验开始后，他分别把王冠和金块放入容器中，结果发现王冠放在水中要比金块放在水中溢出来的水更多。于是，阿基米德果断地认定，王冠里一定混有比纯金比重小的其他物质。就这样，阿基米德在洗澡中发现了一个十分重要的秘密，这也就是后来被我们用在各个方面的浮力原理。阿基米德通过一次洗澡发现了一个真理，而这个真理就在我们身边。

　　列宁说："不用相当的独立功夫，不论在哪个严重的问题上都不能找出真理；谁怕用功夫，谁就无法找到真理。"

制胜法宝

事实上，我们每个人都可以发现真理，只是我们没有在这些细节上动脑和下功夫。在我们所接触到的环境中，真理随处可见，没有一双发现的眼睛，自然就会对真理熟视无睹。当初，阿基米德若对浴盆内溢出水这一现象置之不理，也就不会有后来的真理、定律了。

生活，就是一连串的再创造。很多时候，我们不一定非要创造出什么，也并非创造才是获取真理的唯一途径。善于发现，注重细节，即便我们不能像很多科学家那样发现各个领域的真理、定律，也会主宰自己的人生，并发现促成我们人生飞跃的真理。相信这种真理，远比常规真理对我们的帮助和意义更大。

异想天开才能脚踏实地

身边案例

　　究竟什么是"异想天开"？总想些不可能实现的事情，大抵就是异想天开。只是，眼下想着不可能实现的事情，当真不可能实现吗？

　　古时候曾有"千里眼、顺风耳"的说法，这是人的美好愿望，只存在于神话传说中，是不可能实现的。随着历史的变迁、社会的变革、科技的进步，千里眼和顺风耳当真存在了。

　　望远镜的出现，让古代的千里眼变成了可能；窃听器的出现，似乎远比顺风耳要厉害。相信古时候的人也不是没想过千里眼和顺风耳变成现实的可能，只是当时的技术毕竟有限，如今这一切都变成了可能。

63

伽利略是意大利著名物理学家、天文学家。少年时期，他是个"为什么"先生，不管什么事情都要自己过滤一遍，少年时的伽利略是个好学不倦、喜欢思考的人。

伽利略上大学的时候，有一次上医学课，比罗教授看着书说："母亲生男孩儿还是女孩儿，主要是由父亲是否强壮决定的，如果父亲强壮，那么母亲生下来的就是男孩儿，反之，父亲不够强壮，母亲生下来的就是女孩儿。"听到这里，伽利略十分疑惑，犹豫半分钟便站起来说："教授，很抱歉打断你的话，但我觉得你讲到的这些有很多并不合理，我有很多疑问！"

比罗教授觉得有些没面子，便神色不悦地说："伽利略，请你不要无理取闹，你提的问题太多了！你是个学生，就应该听老师讲课，不要胡思乱想。"

"可是我并没有胡思乱想，我的邻居杰克，非常强壮，而且一年四季都不得病，可是他的老婆却一口气生了5个女儿出来。"

"这些并不是我自己乱说的，我是按照亚里士多德的观点在讲。"比罗教授搬出了理论根据。

"难道亚里士多德就不会讲错吗？错的也要硬说他是对的吗？"伽利略坚持自己的观点。

比罗教授无言以对，只好怒气冲冲地威胁说："如果你再这么无理取闹下去，我就狠狠地处罚你！"

结果，伽利略受到了学校的处罚。即便如此，他敢于说出自己想法和观点的勇气以及坚持真理、毫不屈服的性格，却让人十

分钦佩。从此以后，伽利略对亚里士多德的学说产生了怀疑，并从此开始探讨。

伽利略说："真理不在蒙满灰尘的权威著作中，而是在宇宙、自然界这部伟大的无字书中。"

制胜法宝

历史只能为我们提供一个参考，但社会在变，世界在变，人也在改变，关键在于自己去探索。不管做什么事情都应该脚踏实地去做，不过，却不能少了异想天开的习惯，因为它是创造新事物的前提。

后来，伽利略经过自己的努力，不断学习和创造，脑中那些异想天开的想法也正一点点被实现。

在力学领域内，他进行过著名的比萨斜塔重物下落实验，推翻了亚里士多德关于"物体落下的速度与重量成比例"的学说，建立了"落体定律"。

在学习上脚踏实地，却又敢于想象的人，往往能给后人留下宝贵的财富。"路漫漫其修远兮，吾将上下而求索"，人生之路需要脚踏实地，它是让我们敢于异想天开的根本；人生之路更需要异想天开，它是引导我们不断创造新事物的灵感来源，也是我们成功的关键之一。

异想天开是发展新思维的表现，它有别于单纯地对美好事物的向往，而是对未知的研究予以探索，所以只要有了新奇特的想法，就不能急着否定，而是脚踏实地，一步步去实现它，把那些自己认为正确的想法逐一施行，直到经过事实的检验，发现真是异想天开为止。

亲爱的同学们，相信你们脑中有各种天马行空的想法和创意，只是苦于无法落实。不要着急，此时的你们要始终保持着自

己不断扩充想象力的习惯，要把自己认为正确的事坚持下去。你们的首要任务是学习，在问题中得到答案，在答案中探索真理，要像伽利略那样，敢于向历史发问，并且有不断钻研的心。相信这样，身在校园的你们也一样可以享受到成功的喜悦。

你闭嘴

身边案例

日常生活中，我们会遇到很多烦恼，会遇到一些让我们难过、心烦的人或事。每每遇到这种情况，究竟应该怎么去面对呢？如果我们一味地接受，一味地妥协，就无法表达自己的观点，无法将内心的真实想法表现出来，而这种惯性，也会阻碍我们产生创新意识。

生活中，不要被那些无聊的人或事羁绊，要学会向无聊之人和无聊之事说"不"。说"不"是节省时间、腾出精力的有效办法，我们可以翻开书看看那些成功人士，他们无一例外地会在很多事情上秉持着自己的观点，坚持着自己的态度，保持着自己那独一无二的个性。促成他们成功的一个关键点，就在于他们敢于

对自己的想法充分肯定，同时敢于对巨大的阻力大声说"不"。

哥白尼就是一位敢于挑战、坚持己见、勇于说"不"的人。可以说，哥白尼为后来的学者，包括伽利略、达·芬奇、牛顿都起到了表率作用，他的理论对他们也具有极强的引领、启发作用。

哥白尼是15世纪至16世纪的波兰天文学家、数学家、教会法博士、牧师。40岁时，哥白尼提出了日心说，当时罗马天主教错误地认为他的日心说违反《圣经》，进而予以强烈反对。不过，哥白尼依旧坚持着自己的观点，他说："人的天职是勇于探索真理。"正是这份坚持，令他在天文学领域做出了巨大贡献。

哥白尼的科学成就，是他所处时代的产物，他的成就也推动了整个时代的发展，为现代科学带来了启示。

制胜法宝

哥白尼面对当时的政府、教会以及社会各界的反对，仍然坚守自己的观点，不卑不亢。造成分歧的原因，主要在于当时的科学发展以及认知程度与哥白尼的科学主张相悖，事实上他的观点才是历史的潮流。

面对各界的舆论压力，哥白尼无所畏惧，面对残酷的火刑他也不曾退缩，坚持着自己的"日心学说"。为此，哥白尼的老师沃德卡多次劝说过他，但他反驳了自己的老师："如果一切都要屈服，一切都要向命运妥协，那么人还有没有意志？"几十年后，在哥白尼的持久坚持下，创造了"太阳中心说"，宣告"天命论"彻底灭亡。

当时的哥白尼是这样想的："我愈是在自己的工作中寻求帮助，就愈是把时间花在那些创立这门学科的人身上。我十分愿意把我的未来和他们的未来结成一个整体去发展。"

其实，在许多问题上，我们的说法、做法、看法与很多人的观点大相径庭，但我们有理由去坚持自己认为正确的事，这是我们的权利。当然，这种坚持只有是正向的、积极的，才能经受住时间的检验，否则一味地坚持错误观点，只会害人害己。

值得一提的是，当我们的观点成为主流时，那些秉持着支流观点的人，是会用尽各种办法迷惑、诱导我们归于他们的行列的，此时，"你闭嘴"不失为一个拒绝盲从的好办法。懂得拒绝，才更容易坚持自己。

当我们的观点与他人相悖，而某些事实又证明我们是正确的时候，我们就要大胆说出来，大胆说"不"。古往今来，一切想法和创造力都建立在正向知识的基础之上，而一切理论都应尊重事实。

很多时候，人会懒惰，也会被外界的评价所牵绊，这样就会在落实自己的想法时耽搁太久，所以我们心中要有一个会说"不"的闹钟，当我们被眼前的事物迷惑时，它就会及时响起，大声说"不"，让那些扰乱我们的人"闭嘴"！

"我认为"大于一切

身边案例

　　青春年少的我们，多少有些放荡不羁，但是在这种情况下我们要学会谦虚，并不是所有的"我认为"都可以大于一切。年轻人可以有自己的想法、自己的做法，但要遵从原则。其实这些不仅是对年轻人，对成人亦是如此。

　　主观意识是重要的，但错误的主观意识是不应被推行的。要有良好的态度和合理的计划，再去执行自己的意愿。

　　"我认为"是有主见的表现，这是敢于表达自己和展示自己的表现，但很多时候，我们在没有经过细节分析和对整件事情的完整性予以了解之前，"我认为"的出现或许并不十分适合。

　　谦虚或许是衡量"我认为"的最佳工具。未来的某一天，或

许我们会成为名人、伟人、贤人，但这一切都不应该只是在"我认为"的思维里，只有他人也这样认为，我们才是真正有价值的。

萧伯纳是著名的幽默大师，一次他去苏联访问，途中遇到了一个小姑娘，萧伯纳很潇洒地走上前去，和她玩儿了一会儿。那个小姑娘活泼可爱。临走的时候萧伯纳说："小姑娘，回家后告诉你的妈妈，说今天和你玩儿的人是世界有名的萧伯纳。"但让人没有想到的是，小姑娘竟以同样的口吻对萧伯纳说："你回去告诉你妈妈，今天和你玩儿的是苏联的小姑娘赖莎。"

这件事给萧伯纳很深的触动。从此，萧伯纳对待自己整个人生都有了新的认识。

萧伯纳曾说："你有一个苹果，我有一个苹果，我们交换一下，一人还是一个苹果；你有一个思想，我有一个思想，我们交换一下，一人就有两个思想。"

制胜法宝

萧伯纳的这句话是发人深省的，用苹果交换只是一比一地交换，而脑中的想法却是会叠加的。单纯地"我认为"不能说明一切，萧伯纳用自己的"我认为"想让小姑娘的父母惊讶，而小姑娘却让他明白了谦虚的道理。

有时候，与同学之间，与父母之间，都应该控制自己的"我认为"意识，我们不能执着于"我认为"的观点，我们所表达的"我认为"是为了获得更多不同角度的"他认为"，从而丰富自己的头脑，以达到学习和强化的目的。

这件事发生后，萧伯纳认为，一个人不论有多么大的成就，与人相处时都要保持平等的态度，要永远谦虚。

但仔细想来，萧伯纳是个不谦虚的人吗？如果他是一个不谦虚的人，相信是不会取得成功的。由此可见，人总会有错误观点和想法，这就是"我认为"带来的利与弊。

还有一次，萧伯纳收到一位小姑娘的来信。小姑娘在信中说："尊敬的萧伯纳先生，我对您的文字很着迷，为了表达我对您的喜爱和敬仰，我想把我过生日时亲戚送给我的小狗，用您的名字来命名，不知道您的意见如何？"

看到这里萧伯纳笑了，并没有因小姑娘用自己的名字给小狗命名而生气，也没有觉得是读者的无理取闹，反而使用一种"我认为"的态度对待这件事情。

萧伯纳发挥了自己的长处，幽默地回答了小姑娘："亲爱的

小天使，看到您给我的来信，让我看到了您风趣幽默的文笔。其实我十分赞同您的想法，不过，您在给小狗命名前务必要和小狗商量一下，看它是否喜欢我。"

多么亲切而幽默的回信，这完美解决了尴尬局面的出现。

我们每一个人都应该如此，把"我认为"的东西更加共同化，让看似不快乐的事情发挥其快乐之处。

亲爱的朋友们，现在你的身边是不是也有这样或那样的事情在等待着你用"我认为"的方式做出决定呢？此刻不妨换一个角度，用幽默的方式去解决问题，让"我认为"的烦恼变成"我认为"的快乐吧！

把我的笔记本还给我

身边案例

　　学生时代的我们，大都有被家长、老师窥视的经历。在家里，可能某些行为不被允许，或是被禁戴某些饰品，甚至不许看某一类书籍；在学校，个人爱好或性格等都会被严加监视。相信没人喜欢总是被家长这样看管着，不过，我们在不破坏自己成长的环境或身边人的成长环境的前提下，可以说出心中的不满以及表达内心真正想要的东西。

　　当然，这不代表我们可以为所欲为。对的事情，相信家长、老师都会支持，就算他们暂时不同意，也会在你细心说明情况后博得他们的赞许。

　　我们的父母和老师，通常会考虑很多事情，会考虑我们未来的发展以及某些事情是否会对现在的成长造成影响，而我们自身

所考虑的只是我想要去做。

维克多·雨果的诗写得极富深意。小时候的雨果就已对文学表现出浓烈的兴趣，可称得上超级诗歌迷。那时候的雨果，抽屉里总会放着一大摞写满诗歌的本子，而他也常常对抽屉严加看管，后来还上了锁，生怕自己的宝贝会不翼而飞。

在雨果的学校，思想保守的家伙总是存在的，一个是他的校长高德，另一个是数学老师德高特。他们反对学生写诗，希望学生把精力用在学习上。当然，他们并不知道写诗也是一种学习过程。他们经常监视学生，还经常翻查学生的东西。

有一天，雨果发现自己的抽屉被打开过，虽然是锁着的，但是有撬开的痕迹。雨果很生气，有些不知所措，他心里很清楚是谁干的。

第二天一早，雨果被叫到办公室问话。他一进门就看到一摞笔记本放在桌子上，没等他先开口，德高特先质问起来："学校不允许写诗不知道吗？你这是违反学校规定知道吗？"雨果则回答："可是，有人允许你撬别人抽屉的锁吗？"德高特没想到雨果居然有这样的胆量来指责自己，他有些生气地说："你想被开除吗？"雨果没有答话，他认为学生写诗是没有错的，于是拿起桌上属于自己的一摞笔记本，走出了办公室。这就是雨果，一个真实的雨果，面对自己的爱好，无所畏惧，他认定自己的选择是正确的，所以一直坚持着，一直反抗着。

雨果说："人的智慧掌握着三把钥匙，一把开启数字，一把开启字母，一把开启音符。知识、思想、幻想就在其中。"

制胜法宝

　　雨果作为19世纪前期积极浪漫主义文学运动的领袖、法国文学史上卓越的资产阶级民主作家，为人们点亮了人生旅途上的明灯，他知道世界上最宽阔的是海洋，而比海洋更宽阔的是天空，比天空更宽阔的是人的胸怀。雨果敢于坚守自己的想法，对待文学的执着是任何事情都无法改变的。

　　人的一生，靠近梦想的机会寥寥无几，所以自己认定了那是机会，就要义无反顾、迎难而上、努力争取。不能把时间过多地浪费在没有意义的事情上，不要为错的事情执着，而要为正确的事向不公平发起挑战。

　　在我们的学习和生活中，老师和家长们似乎总是扮演着"拦路虎"的角色，今天不允许做这个，明天不能做那个，在他们眼中，孩子永远长不大，永远需要照顾、呵护。当然，这是出于一种天生的爱和关怀，对此，我们应客观看待，并予以尊重。只是当某件事情的确可让自己付出一生的努力，而又不会损人利己、对社会造成负面影响，那么我们就应该坚持，我们要告诉家长和父母，我们长大了，可以去为自己的梦想拼搏了。

　　有些时候，我们应该学会把自己的想法表达出来，哪怕遭到反对，也要大胆说出心中所想。说不定，睿智的家长和老师们，在听了你的阐述后，会突然眼前一亮，随即将你那摞厚厚的"笔记本"还给你，让你在其上随意挥洒充满意境的人生。

我是劣等生

身边案例

劣等生，这个词在当今社会似乎抹杀了不少青少年的天赋。有时候，我们不禁矛盾起来，到底怎样做，社会才会满意？我们在网络上可以看到很多有才华的青少年，但是都被学校遗弃。

老师和家长常说："人不可一心二用。"他们觉得认真、专一地学习，就会有出息，虽然这是为了我们好，但是或多或少限制了我们的自由。

英国首相丘吉尔赫赫有名，但他曾经也是劣等生，后来却成为伟人。

丘吉尔出生于一个贵族家庭。少年时的他玩儿心特别大，读书偷懒，而且不喜欢数学和拉丁文，但对历史和古典文学十分感

兴趣，只可惜学习不刻苦，所以学习成绩很差。

丘吉尔的父亲是财政大臣，母亲是富翁的女儿，所以很希望儿子能有成就。考虑到丘吉尔实在不爱学习，所以他们只好将他送进桑德斯军事学院。无奈的是，丘吉尔的基础太差，经过三次考试才进入学院。

学校里有一群乌合之众，丘吉尔爱玩儿的性格让他很快与他们打成一片。一次，酒吧关门了，但丘吉尔很想喝酒，于是高喊："跟我来！"他带着一群捣蛋鬼硬是冲了进去。

要说他是全校最有名的捣蛋鬼，一点儿都不为过。不过，随着年龄的不断增长，丘吉尔渐渐意识到自己不应该再这样闹下去了，于是他开始认真读书。最后，丘吉尔从一个劣等生成功转型，成为英国历史上最负盛名的首相，也是诺贝尔文学奖得主。

丘吉尔成功后说过这样一句话："尽管我不喜欢被人教导，但我总是喜欢读书和学习。"

制胜法宝

没错，没有人喜欢一直被管教着。事实上，每个人都会为了自己想要的东西去努力，客观逼迫是没用的。不过，生活中的我们不都是丘吉尔那样的天才，所以我们也只能在别人闲散的时候多学习，以此来弥补与他人的差距。

丘吉尔的成功，除了其本身具有家族优秀遗传基因的因素外，还在于他懂得悬崖勒马，知道何时开始发愤努力。如果你曾是劣等生，甚至现在依旧在劣等生的行列，也无须为此忧心忡忡。

从现在开始，不妨忘记过去，忘记自己是劣等生的身份，从最基础的部分开始，从最简单的事情做起。只要有梦想，只要肯坚持，你的人生自会绽放艳丽之光。

我们并非天才，可我们也不能因此而自暴自弃，只会羡慕他人的成绩而对自己的命运慨叹唏嘘。在这个世界上，没有绝对的劣等生，任何事情都可以凭借主观努力予以改变。只要我们不放弃自己，走一条正确之路，并坚持下去，很快就会收获只属于自己的喜悦。

坚持不懈

身边案例

众所周知，罗马拥有悠久的历史文化，其发展也是历尽了千辛万苦。它现在之所以如此宏伟，这般被世人敬仰，就是因为它历经风雨，耐得住历史的考验。

磨难成就人才。

周杰伦的成功历程，应该称得上是经过了千锤百炼。周杰伦从小父母便离异，他是在母亲一个人的辛苦抚育下健康地长大起来的。

周杰伦小时候对音乐情有独钟，表现出惊人的音乐天赋。望子成龙的妈妈省吃俭用，为其凑钱买了一架简陋却又意义非凡的钢琴。"玩儿"着琴，年轻人挖掘着自己无限的潜力，点滴地积

85

聚着自己傲人的音乐"资本"。

周杰伦高中毕业后并没有读大学，无奈之下只能到餐馆当服务生，曾因为误伤客人，被老板狠狠地辱骂，并且克扣薪水。

一个偶然的机会，周杰伦被当时在乐坛上具有较高地位的吴宗宪发现。进入吴宗宪的公司后，周杰伦做起音乐制片助理，做得有声有色。其间，周杰伦并没有闲着，他不停地写歌，但是都被吴宗宪冷眼无视，有的歌单甚至被当面扔进垃圾桶。

当时的周杰伦就明白"罗马之所以是罗马，全凭风雨"这样的道理，所以他并没有泄气。反而是吴宗宪被周杰伦坚持不懈和屹立不倒的精神感动了，并主动找歌手唱周杰伦的歌。但是，许多才华平平的歌手并不懂周杰伦的音乐，都不愿意展喉一试，因为他写的歌在当时还没有周杰伦的音乐世界里，显得太稀奇、太古怪。周杰伦只能一如既往、默默地进行着自己的创作。

突然有一天，吴宗宪找周杰伦谈话，要求他在10天之内，创作50首歌曲，若能挑出10首自己最满意的歌曲，就可以准备出专辑。当时的周杰伦受宠若惊，便废寝忘食，拼命写歌，以把握住这次机会。终于，他的第一张专辑问世了，并且轰动歌坛。

周杰伦说了很多自己的成功感悟，但是有一句，是很值得我们学习的："三年内我会做一枚棋子，三年后才当那个下棋的人。"

制胜法宝

周杰伦的这句话并不难理解，三年内我愿意做一枚棋子，因为我需要磨炼我自己，同时我还有很多东西要学。三年后才当那个下棋的人，也就是说，三年后待我经验已足，我要做整盘棋的操控者。没错，周杰伦的故事确实激励了很多人，也包括正在读本书的你。人一定要在风雨磨难中坚持学习，才会有发起反攻的实力和机会。

这就像罗马的宏伟，并非一日之功。要经历风风雨雨，坚持不懈，并且努力坚持梦想，才会赢得万人的敬仰。

不管是事业还是学习，并非简短时间就能见成效的。现在，或多或少会有一些同学抱怨，某些课程有多么多么难学，有些课程不爱学、不想学，但是，我们回想一下，过去，比如乘法口诀和英文字母表，我们是否是一个数字、一个字母这样一点一点积累起来的？所以学习需要耐心和坚持，并对既定的目标有明确的行动。

不管做什么事，开始的时候肯定会有破砖乱瓦，但是当你积累到一定程度时，就可以变成高楼大厦，慢慢就会变成罗马那样的辉煌建筑。就像周杰伦一样，只是在默默地坚持着自己的音乐梦想，最后获得了成功，收获了令人羡慕的成绩。

请相信这样一句中肯的劝告，不管在学习中遇到什么样的困难，其实只要认真做，必然会有收获。面对学习内容要有新的思路，有规划，大的方针不改变。在长期的学习过程中，要经常确立一些"跳一跳"就能摸得到的目标，来增强自信。如此一来，

我找虐

身边案例

施虐是一种主动状态，而受虐是一种被动状态。遭受到外界或人或事所带来的痛苦，而不是出于本人的意愿，有时会被称为一种虐待。

找虐，在当今社会中已然成了一种完全相反的状态，其一改过去被动并不愿意接受的状态，被赋予了新的主动的含义——主动找上门来求别人虐待。听起来有些奇怪，但是很多青少年经常会这样高呼。不过，在某些特别的时候，它也会有其他的含义，比如当你招惹了一个在某些能力上超过你的人的时候，你身边的朋友或许会说："你这不是找虐吗？"

"找虐"这个词，其实我们听得最多的地方是在网络游戏

中，一般用来显示自己的实力强大，并在虚拟世界中寻找自身的强大认同感和存在感。

事实上，这种看似不正常的言辞，在某种意义上说，可能会被转化成积极的力量。这里所说的某种意义上，其实是把"你找虐啊"反过来，变成"我求虐"。如果方法得当，求虐就会变为成功的动力。

我们都知道，林疯狂——没错，就是那个给人无限惊喜的NBA球星林书豪，作为亚裔球员，他打破了世人对亚裔的"有色看法"。事实上，无论在什么地方，把人和人区别开来的都不是肤色，而是天赋和流过的汗水。但是有没有人想过，林书豪在对自己的训练强度上，就处于一个"我求虐"的状态。

林书豪说："要感谢那些天赋比我们好的人，因为他们不努力，给了我们机会。"

制胜法宝

　　林书豪所说的这句话，其实很简单。成功是什么？是1%的天赋加上99%的努力。在那些所谓的天才们休息的时候，我们若能保持一颗进取心，脚踏实地，其实就等于抓住了一个机会——一个天才休息、我们努力的机会。在这样的时间里强化自己、超越自我就不再是痴人说梦了。

　　NBA赛季结束后的假期，林书豪在世界各地参加各种类型的活动。本来激烈的赛季结束后应该好好养伤，调整状态，然而林书豪却依然给自己安排了加量的高强度训练。尽管已经是国际知名的球星，就算抵达酒店时间较晚，可他第一时间总是跑去酒店篮球场训练，从晚上9点一直训练到晚上11点。第二天他也尽量不安排外出活动，继续自己的投篮、力量等训练。

　　此番行程中，林书豪一周训练6天，每天训练4至6小时，而且要至少保持一日两练。林书豪还特意邀请自己的训练师随行，帮助自己每天能充分利用休息时间，达到训练的最佳效果。

　　要是按照林书豪这个"受虐狂"的训练计划，他打算在有效时间内，一日三练，让自己尽量保持在比赛时的状态：两次场地持球训练，每次两个小时；一次健身房训练，两个小时。不管每一站在哪里，每一站的活动有多少，永远不变的就是他早已安排好的地狱式训练。他现阶段的顺利，无一不是他自己坚持不懈的地努力换来的。

　　人要有坚定的信念，要有清晰的目标，目标可大可小，完成

一个就要再去树立下一个，当完成一个阶段目标后，就要去确定更大的目标。

人始终是要靠实际行动来获取成功的，要有一个不断强迫自己学习的状态。"头悬梁，锥刺股"，并非是读书寂寞玩儿自虐，而是对学习的向往和对自身负责的一种表现。

亲爱的同学们，试想，我们在玩儿得忘乎所以的时候，是不是应该静下心来，强迫自己调整一下心态？不想学习的时候，是不是应该提醒一下自己，适当给自己一点儿压力？在自己没有任何斗志的时候，是不是应该鼓励一下自己，在短暂休息后再接再厉？

如果我们真能对上述反问持肯定回答，又何必在网络或是游戏中向对手发起挑战，高呼"我求虐"，以示自己的强大和存在呢？现实中的强大才是真的无懈可击，"求虐"心态用在强化自己的能力和学习上，将来的自己必定是非同凡响的！

我还会回来的

身边案例

灰太狼："我还会回来的……"

这句台词大家一定耳熟能详，因为只要你家有小朋友，这句话一定会在耳边不停地萦绕。《喜羊羊与灰太狼》早已家喻户晓，深入人心，从老人到小孩子，多多少少都看过。老人明白灰太狼话中的含义，但是看得少；小孩子看得多，但并不清楚"灰太狼"到底想要表达什么。

灰太狼其实很可爱。外表总是杀气腾腾、机关算尽的样子，总是想着"吃小羊、吃小羊"，但每次小羊们都会逃跑，灰太狼一败涂地，不是被小羊打跑，就是被红太狼一平底锅打飞，最后留下一句："我还会回来的……"

制胜法宝

有多少人面对困难和失败的时候会大声警示自己绝对不要放弃，时刻记住"我还会回来的"。相信很少有人能做得到，觉得败也就败吧。但在灰太狼身上我们却看到了一种精神，叫作不放弃。

灰太狼，一只活在现代和谐社会的狼，它并不像我们想象中的那样，有尖牙，有残暴的眼神。相反，灰太狼是那种有点儿笨笨的，有点儿怕老婆的，爱耍小聪明、爱创新、爱贪小便宜的形象。就像我们身边的街坊四邻，众多小市民中的模样儿，有一个别人看来微不足道的、小小的生活目标。

这个目标虽然小，但是灰太狼却从没有说过放弃，并不懈地努力着、奋斗着。

不得不承认，灰太狼一直在默默努力着为自己创造机会，坚持自己的信念。虽说狼吃羊这样的情节并不像童话故事那般美好，但是更加真实，更加贴近生活。

灰太狼一直都很乐观，典型的天然呆、乐天派，即便每次以失败告终，回到家里还要承受老婆平底锅的痛扁，即便是每次精密策划的捕羊计划都困难重重，即便抓到小羊最后还是会让它们逃走，每次还要被小羊狠狠地教训，接着又是一平底锅，但它只会傻傻地笑笑，然后附上一句"我一定会回来的"，便消失在天际，在失败记录上再添一笔。

亲爱的朋友们，让我们回想一下我们当中的人又有多少能如此坦然地面对生活中的挫折和失败呢？灰太狼，这抹幽默的灰色，其实是最鲜明的色彩。此刻，你是否也想要当一次灰太狼，冲动一次，无赖一次，即使失败，也不抱憾呢？灰太狼每次失败都不会灰心丧气，即便丢盔弃甲也斗志昂扬："我还会回来的！"

那么，我们是不是更应该直视所面对的挫折？虽然我们不用去抓羊，但是我们将来要面对生活，面对学习，面对社会，面对我们未曾经历过的种种，甚至是未曾想过的困难。我们要学会一种敢于面对困难、敢于向失败挑战的心态和决心。有了这样的斗志，考试带给我们的压力似乎也没有那么大了，而一次学习上的疏忽，我们也仅仅能付出多一点儿的时间就可以弥补回来，毕竟在小有成绩的基础上进步，并不是那么困难。

生活中，我们或许会遇到家长带给我们的压力，这个时候我们只要鼓足勇气，向目标发起挑战，大胆面对这一切，就自然不会丧失掉信心。失败不可怕，可怕的是认可了失败的存在。

坚持，努力，不言放弃，接受挫折，向失败发起挑战，这才是成功的真谛。

大胆地喊出来吧："我还会回来的……"

又臭又硬

身边案例

一提到又臭又硬，我们最先想到的是厕所里的石头。大家都知道又臭又硬多半是用来形容一个人的脾气固执，不接受任何劝告，坚持己见。往往这种坏脾气会阻碍我们通往一条又一条的成功道路，虽说条条大路通罗马，但没有一个好脾气，结果必将处处碰壁。

历史上就有这么一个脾气又臭又硬的家伙，这个人叫周处。周处年少时脾气暴躁且凶悍，性格固执，就像厕所里的石头一样，又臭又硬，不听别人的劝告。有人劝周处，说他要是再不改掉自己又臭又硬的脾气，将来定要吃大亏，可他依然如故，所以一直不知改变的周处被乡里的亲朋们视为义兴的一大"祸害"。

义兴是个宝地，人杰地灵，河中有条凶悍的蛟龙，山上有只残暴的吊睛白额老虎，常年侵害百姓，闹得居民不得安生。

以上这"三位"便是历史上的"义兴三害"，其中周处的名声要远大于那两只怪兽，被视为三害中的首害。大家因为三害的存在而惶惶不可终日，于是有人想出办法，游说周处，称周处为勇士，让他前去消灭山间的猛虎和河中的蛟龙。但真正的目的是，希望这三害两败俱伤，最坏的结果也是只剩下一个。

周处被这样一称赞，立即决定去杀死老虎，下河斩杀蛟龙。转眼间三天过去了，乡邻们见周处并没有回来，以为周处定是被凶兽所害，已经死了，于是奔走相告，互相庆祝。

但周处最终杀死了蛟龙，顺利回到了岸上。当周处回到村里，听说乡亲们正在为自己的死进行庆祝时，心里不免有些失落，此时他才知道，原来大家把自己当作祸害想要除掉，于是心生悔意，一心想要悔改。

就这样，周处没有进村子，而是扭头便走，到吴郡去找陆云，并且把所有情况告诉了陆云，表示自己有悔改的决心。只是他有些担心自己时间不够，不能在悔过后有什么成就。

陆云回答："古人特别重视道义，认为'哪怕是早晨顿悟了圣贤之道，就算晚上就死去，也是值得的'。更何况你前途无量，还有很大的希望。人最大的忌讳就是不能立下自己的志向，只要人心中有志，为何还要担心好名声不能显露在外呢？"

周处听了陆云的话，决定改过自新，最终成为一位忠臣。

制胜法宝

陆云告诫周处的这番话透出的道理很简单，人不管现在是什么样子，只要知道悔改，什么时候都不晚。不过话说回来，一个人的脾气不好，生性倔强，这是很难在当今社会中立足的。比如在校园中与同学相处，相信没有人愿意和一个整天怒目而视的家伙为友，而且脾气暴躁会造成很多麻烦。

因此，我们必须认清固执、臭脾气的严重性。

生活中，每个人都希望得到别人的微笑、赞扬和好感，否则就会感到无助或是被孤立。尤其在校园中，相信没有人想要做怪人。人的行为是受意识调节和控制的，所以改掉又臭又硬的脾气，人也会变得更加优雅。

有时候尊重也是很必要的，"把别人当自己看，把自己当别人看"，人与人之间的尊重往往会改变一切问题。坏脾气就像拳头，一句恶狠狠的话，可能会伤了一个人的心，所以要学会换位思考，这样才能学会包容他人，理解他人，给别人体贴。这样一来，就不会因为自己的臭脾气而意气用事，固执己见，如此遇事才能冷静对待，三思而行。

要多从正面的角度去看待问题，多留意别人的优点，用感恩的心态去面对人或事，要敢于与他人多接触，做一个能够融入群体的年轻人，适当改变自己并修饰自己的语言，让自己的行为更加友善，更加优雅，彻底改掉那些让人讨厌的坏习惯。

同时，更要试着去和父母多交流，开诚布公地和父母交换

意见。当你不断长大时，你便会越来越相信那句话——不听老人言，吃亏在眼前。臭脾气几乎没有任何好处，它会在我们无法控制的时候伤害身边的所有人，包括那些一直关心着我们的人。可见，脾气秉性是可以左右人生走向的因素，用何种方式释放，就会得到何种结果。

我们都有梦想，而要梦想成真，或许不是看你自身又具有了哪些优点，往往是看你能否把身上的缺点改掉。

甘苦人生

身边案例

最近在网上看到一幅漫画，名为《甘苦人生》，图上写着："人生如品茗，有苦有甘，苦尽甘来。"右边写着"甘苦人生"。图画中是一位农民正在张着嘴享受着从玉米叶上滑落下来的一滴甘露的影像。

仔细品味，这幅《甘苦人生》似乎饱含着人生哲学。人生有时就像这幅图片上所要表达的含义一样，要想得到甘甜，必定要有所付出，正所谓苦尽甘来。

没有人会一生顺利，就连我们所熟知的史玉柱，也同样要经历万般艰苦。

在2012年《财富》中国最具影响力的50位商界领袖排行榜

上，史玉柱榜上有名，排名第22位。

1997年之前，史玉柱曾高呼口号"要做中国的IBM"，经过一番打拼，最后却落得惨败收场，留下的只是一幢废弃的荒草丛生的烂尾楼，还有让他无法负担的亿元巨债。当时他已经一无所有了，刚给下属配的手机全都收回变卖，全公司也只有史玉柱一个人使用手机，很多员工在这段漫长而又痛苦的时间里没有拿到一分钱工资。

或许只有失败过以后，才会体验到失败的滋味儿有多么苦涩。

经过一番沉淀，加之自身勤勉的个性，转眼间，史玉柱又开始做起了我们熟知的营养保健品——"脑白金"。在此期间，史玉柱一直小心翼翼，如履薄冰，后来还去投资银行股，并一鼓作气做起了"巨人网络"。最终，他站了起来，创造了500亿元的财富。史玉柱为何能实现"惊天逆转"？因为他早已掌握了一套方法，为自己打造了一套纵横江湖的"顶级装备"。

史玉柱面对自己的失败最后总结出一句话：自从失败后，我就养成一个习惯，谁消费我的产品，我就把他研究透。一天不研究透，我就痛苦一天。

正是这种勤勉和他的"终极装备"，让他起死回生。

制胜法宝

从史玉柱的这句话中，我们似乎可以看出，他是一个永不言弃的男人。他可以直视失败，但不会放弃挑战失败。在失败后不断坚持和努力研究别人战胜自己的原因以及自己失败的原因，似乎是他能取得今日成功的关键。就像我们学习的时候，不要因为难题来袭，就越过不看，也不要轻言自己学不会某方面的知识，只要我们有一颗誓要战胜困难的心，拥有一天不把难题解开誓不罢休的心态，我们在学业上自会有所收获。

并不是每个人都是富二代、官二代。我们身边的亲人既不是富翁，也没有显赫的家族背景，要成为受人尊敬的人，要成为能为社会做贡献的人，就只有努力地付出。

这里所说的付出，或许与实际的回报不成正比。即便如此，懂得付出、敢于付出的我们，也一定可以有所收获。那些成功的人，也饱受艰辛和困苦，还有别人看不见的泪水，才登上成功的阶梯。由此，我们不应只关注别人的成功，更应探究他们成功背后的种种因素，那些才是促成我们创造奇迹的绝对力量。

永远不要去和别人比较付出后的回报，就如前文所说，人的一生中所付出的和得到的回报未必成正比，但我们往往又不得不去努力争取这些，这不只是简单的生存之道那么简单。不要迷信"付出就有回报"，我们应该享受付出的过程，在这个过程中，只要我们真的亲力亲为，那也不失为一种成功。

 **α 女孩儿的悲伤**

身边案例

当今社会，对于青年男女的称谓，依照不同领域衍生出了诸多新鲜代名词，可谓层出不穷，这里尤为值得一提的是 α 女孩儿。

所谓 α 女孩儿，一般指那些不愿意受传统约束，并且比男孩子更加出色的女孩子。因为这类女性不想输给男性，所以在各个方面、各个领域都能独当一面，都是精英且十分优秀，于是，用希腊文的第一个字母 "α"，来表达对这些女性的称赞。

随着社会的发展、历史的变革，关于性别歧视的固有思想正在逐步被打破，女孩儿展现自己的空间也越来越多。

如果从历史的角度看，"80后"的女孩子正处在一个巨大的

转折点，她们认为与男孩子拥有相同的待遇是理所当然的。就这样，她们在不断强化自己的过程中，获得了更多的工作机会，也得到了社会各界的认可。

近年来，各国女领导增加，高学位女孩子逐年增长，企业高管女性越来越多，这使得α女孩儿成为一种成功单身女性的标志。但是，很多时候，这种现实让这些α女孩儿甚至觉得自己已经不再是女孩儿，加之在社会上的任何活动都没有因为是女性而受到限制，所以女性的地位在传统定义上的固有观念被彻底打破。

现在，很多女孩儿都选择做α女孩儿，这在另一方面也体现为男孩子逐年"退步"的现象。从传统思想的角度看，更多人喜欢儿子而不喜欢女儿，但这一统计数字似乎已发生了逆转。

根据一个韩国的统计数据我们可以很清楚地看到，韩国民众喜欢儿子和女儿的比例在逐年变化。1996年，喜欢儿子的人数占40.4%，喜欢女儿的占9.8%；2001年，喜欢儿子的占31.2%，喜欢女儿的占10.9%；2006年，喜欢儿子的占24.8%，喜欢女儿的占16.1%。由此可见这种变化的明显性。

哈佛大学儿童心理学教授丹·肯德伦的著作《阿尔法女孩儿》（AlphaGirl），详细地描述了α女孩儿。一次，肯德伦在和女孩子们聊天的时候发现，这些女孩子谈笑风生，每一句话都表现出自己的自信，不畏惧竞争，这种心理素质远远超过大部分同龄男孩子。于是，他脑中忽闪而过"阿尔法女孩儿"，并从此开始这样称呼这些女孩子，而《阿尔法女孩儿》也应运

而生了。

韩国延世大学心理学教授黄尚民说："α女孩儿们有一种做任何事情都要优秀的强迫心理。要给男人理性的吸引力，这种强迫心理常常导致她们不顺从男人。"

制胜法宝

α女孩儿的出现，是社会进步的另一种体现，从这一现象可以看出，女性在这个社会不只是在扮演辅助角色，她们越来越多地起到了主导作用。各方面优秀的女孩儿层出不穷，让很多女孩子放弃了做传统女性，选择了做更具有挑战性的α女孩儿。尤其在我国，父母期许子女能在各方面都表现得优秀，于是父母悉心打造学习好的女儿，把大量时间、金钱投入她们身上，希望她们踩着世俗的肩膀，达到人生的新高度。

遗憾的是，父母的这种以自己满意为期许的行为，在真的把自己的女儿打造成α优质女孩儿时，也随即把孩子培养成"伪聪明"。

很明显的一点是：工作顶呱呱，谈恋爱一筹莫展。

很多α女孩儿选择不恋爱，这并非偶然。因为她们把过多的时间放在了学习技能上，而疏忽了恋爱，这导致一个残酷的现实，就是她们不会谈恋爱。

有经济能力的女孩儿在选择男孩儿的时候，不会选择与自己拥有同样财富的男孩儿，她们会更多地看重男孩子的智商和情商，所以很多女孩儿选择比自己年纪要大很多的中年男人。有的女孩儿在不服输的心理刺激下继续在生活中奋斗，故而会选择与自己相比级别更低或在收入方面不如自己的男人，甚至是无业游民。

如果说在恋爱上α女孩儿有着一定程度的悲伤，那么结婚成家，则是另一种悲伤。

　　已结婚的"α妈妈"因为要继续打拼，所以会把孩子的教育，甚至包括洗衣、做饭等家务，都交给"α妈妈"的妈妈去做，也就是自己的妈妈。有些时候，这些α妈妈甚至会忙得没时间去银行交税、管理银行的账务，看到这些，α妈妈的妈妈会非常心疼，并为这样的"α妻子""α妈妈"不会做家务而感到烦恼和担心。

　　西方女孩儿相较于东方女孩儿，成熟、独立都更早，所以生活中做起α女孩儿相对而言得心应手，也会是生活上的能手。

　　α女孩儿作为新生群体，优秀、独立，有过人的潜质，但毕竟违背了"中国传统女性"的标准，在女权主义上，却是一次革命性的新突破。

　　在学校中的你，是不是也面临着同样的境遇？是不是也在朝着α女孩儿的标准前进？

　　父母为了我们的未来，为我们打造了一条完美的α之路，让我们有了更好的学习和发展空间，但是，我们又想选择属于自己的生活、恋爱以及一个完全自我的世界。这样一来，生活变得矛盾了，我们和父母、老师的矛盾也逐渐产生了。因此，现在正在校园中读书的你，更应该考虑怎样能够在自己认真学习的情况下，做一个假"α女孩儿"，树立正确的"三观"，这或许是你能够在父母期望和个人、社会愿望两方面轻松游走的关键。

　　此时的你，不要再把自己当成一个小女孩儿，当作一不开心周围就有一群人来呵护自己的小公主。你应该变得独立、自信且可以挑战一切。当然，你应当学会习惯并喜欢上这种个性，去做一个假"α女孩儿"，这样的你，不会有令自己和他人悲伤的未来。

韭菜、水仙，傻傻地分不清楚

身边案例

最近在微博看到这样一则消息，称张先生发布了一张图片，图片评论是张先生个人非常幽默且富有勇气的自嘲："这坑爹的玩意儿，居然是水仙花，我肉片都切好了。"他要是不加这条评论，相信很多朋友会和这位张先生一样，认为这是韭菜，而没有认出这是水仙。

随后，出现了另外一条更有趣的回复，他是这样说的："你们光看这张图片就笑出来了？哈哈，你们都弱爆了，我在德国两年了，第一次见到'韭菜'，满心欢喜地买了鸡蛋，炒上一盘韭菜鸡蛋，还邀上室友以及国际友人，狼吞虎咽，边吃边说，这德国韭菜怎么这么苦啊，味道好奇怪！吃到一半的时候就开始头晕

恶心，还上吐下泻，到了医院以后，还被出租车司机和医院的护士嘲笑，回来后被身边的哥们儿笑，这是我此生的痛啊！"

看到这里，我们先收起笑声，先为这位远在他乡的张先生庆幸，他能够及时察觉到这些，避免了更严重的情况发生，看似笑话，却一直在敲打着我们的心灵，我们在生活中是不是也同样如此，犯过同样可笑的错误？

在网上随便找一下相关新闻，就会搜到好多类似的事情。这样的事情在国内也屡见不鲜，误食水仙中毒的案例频繁出现。比较可悲的是，一个家庭，在炒菜的时候没有葱花了，看水仙的叶子很像葱花，就剪下来一些，放在了菜里，结果全家人吃后食物中毒。明明知道是水仙花，还去食用，这又暴露了另外一个问题——知道水仙花和葱的区别，但是不知道水仙花食用后会引发食物中毒。

正常来说，水仙和葱并不是特别难以区别，而且水仙不会被当成葱在菜市场销售。不过，那些旅居海外苦苦思念家乡的游子们，看到这类似韭菜的植物，一定迫不及待地想吃上一口，这也是频发误食水仙事件的原因之一。

至于韭菜和水仙难以辨认的事实，我们却能看到一个简单又容易被忽视的问题：简单的事情难以分辨，究竟当真是学识不够，还是认真度不够？

制胜法宝

上文案例，反映的是什么？很明显，是我们对生活的不了解。

对于学生来说，类似案例的错误亦是时有发生。平日里，满脑子都是学习、考试，未来各种伤透脑筋的问题都在折磨着我们的大脑，我们却疏忽了生活中的细节，或许还没等我们脑中的那些伟大构想实现，我们就被眼前这些现实生活中的小常识击垮了。

生活中出现小问题并不可怕，可怕的是遇到了问题不去解决。不管你身处何处，有什么样的地位，都应增加一些生活常识，这种额外的能力都是人的一种综合实力。

由此及彼，仔细想想生活中有多少人不会生火、不会用灭火器、不会在遇险时选择正确的逃生路线，打趣一点儿说，又有多少人能准确分出水仙和韭菜？

既然说到这儿，我们就来区分一下水仙、韭菜、洋葱。

国内出售水仙花的时候，大多是在鳞茎的状态，外观和洋葱有些相似。已经长出短茎的就很容易区分了。只要轻轻剥皮，就能看到里面和洋葱的区别。洋葱的鳞茎通常是单个的，剥开最外层后，叶片肥厚且外侧呈紫色，而水仙鳞茎剥开后是纯白的，叶片也不那么容易分离。

韭菜和蒜薹的花茎比水仙的要弯、要细，韭菜的花茎有棱，而水仙没有，蒜薹的花茎是实心的，水仙的花茎是空心的。掰开花苞，要是水仙的话，里面一般只有一朵花，要是韭菜的话，则有很多小花。最简单的方法，就是把植物掰下来一块儿捏碎，闻

一闻有没有葱、蒜、韭菜那种独特的味道。这样区分就变得很简单了。

其实，只要在生活中细心去观察这些细节，就不会发生故事中的笑话了。由故事而来的结论，相信此刻的你会一目了然吧？

韭菜、水仙，傻傻地分不清楚。分不清楚它们，并非问题的关键所在。在人生路上，你若选择了歧途，可能在别人眼中，你就不是"傻"这么简单了。

用心观察生活，让生活传授你书本上学不到的技能，多去掌握课堂之外的生存技巧，这大概是学生时代的你最大的收获，也是最有价值的收获吧？

外语不及格，因为我爱国

身边案例

网络上，曾有很多网友在呼吁"外语不及格，因为我爱国"，这种说法会给正在读书、面临考试的同学们带来很多负面影响。虽然这是一句简单的玩笑话，但是暴露了学习生活中的诸多问题。

外语作为我们唯一一项没有办法完全依靠母语来学习的技能，在学习中常常会遭到排斥，甚至被彻底放弃。就算是英语成绩很好的同学，也都是为了应付考试成绩，并没有因为外语是一项应用广泛的技能而去学习它。

在日常生活中，我们用到外语的地方并不多，可一旦需要用的时候却让我们手足无措，真的是一件让人心烦的事情。

　　说得肤浅一点儿，如果我们外语学得不错，那么在我们的私人生活上也是大有用处的。比如，和朋友一起出去玩儿的时候，遇到一些有能力的朋友，或是国外的朋友，说出一口流利的外语，自会让在场的每个人都对你刮目相看。要是有机会出国学习或是旅游，就更是大有用处了。如此一来，既能更深入地了解某一国家的文化，还可以凭借优秀的外语能力获得出国工作的机会，相信这种诱惑力是一般人无法抗拒的。

　　现在还有这样一种现象，就是汉语说不明白的时候可用外语弥补。也就是说，每个人的学习能力有限，可能在某一领域没有作为或是没有被认可，但是外语这项技能完全可以弥补某方面与他人的差距。这是一项应用技能，不需要太高的天赋，只要用心、努力、多练习，说一口流利的外语就不再是妄想。

　　姚明在进入NBA之前，一直在家里苦学英语，学习十分刻苦，多次因为自己没有学会语法而流下眼泪。姚明的母亲告诉他："语言是人与人交流的唯一途径，你要想在NBA有一席之地，就必须学习英语。"

　　姚明到美国后，继续坚持刻苦学习英语，白天和司机、队友练习，回家就和保姆练习，休息时跟着电视剧练习。一段时间之后，姚明可以和教练、队友直接用英语交流，不到非常必要的时候，基本用不上翻译。语言无障碍后，姚明对战术执行和理解的能力逐步提升，这为他日后的成功打下了坚实的基础。

　　高士其曾说："学习外语并不难，学习外语就像交朋友一样，朋友是越交越熟的，天天见面，朋友之间就亲密无间了。"

制胜法宝

正像高士其说的那样，只要我们天天接触外语，在周围营造一个语言环境，在驾驭外语上自然是轻而易举了。虽然我们没有条件在国外生活，但是我们可以在生活中给自己创造更多的语言环境，如听英文歌曲，看英文电影，这都是不错的选择。

学习外语要有耐心，当学习一个新单词时，先按照音标把这个单词准确地读出来，并按照音标的发音写出单词，记住它的含义。然后在这个单词旁边写下当天的日期，以后根据日期每隔两天复习一遍，直到自己能熟练地读出、写出为止。久而久之，你就会发现外语慢慢变成了自己的朋友。

外语只是一种语言，无外乎听、说、读、写四个关键，因此相应地要耳到、口到、眼到、手到。很多同学在学外语的时候，往往只单纯地在看单词、记单词，但很多时候，学习外语都需要你动脑，在脑中幻想出语言环境并加以应用。

朗读是非常重要的，朗读既可以练习口语，还可以练习自己的听力，而语速的不断增加也可以培养外语的语感。

对于外语的运用，要见缝插针，要随时随地都能运用。课堂上的学习时间远远不够，要在更多课余时间多巩固自己所熟悉的单词、语句。为此，我们可以多看外语报纸、杂志，同时要多做记录，多多练习，由少到多地积累自己的词汇量。

学习外语就像吃饭睡觉一样，先是一个学习过程和记忆过程，之后才是实践过程。不管怎样，勤奋是少不了的，因为凡事

都是一个日积月累的过程，没有任何捷径可走。妄想花费很少的时间得到最大的提升是不可能的，不付出一定的努力，就不会有等量的收获，这是再简单不过的道理。

当今社会，是考验综合能力的社会，再也不是凭借着一纸文凭就可以朝九晚五的时代了。那些高喊着"外语不及格，因为我爱国"的陈词滥调，早应该被我们抛诸脑后，因为我们是新生代，是奋斗的一代，是承载着希望的一代。

年轻的朋友们，你从此刻开始，就应该为将来步入社会做好打算。由学习外语延伸出的一个事实即是：眼下我们具有的能力还太单一，而社会需要的是多面手，考验的是综合能力，一个把汉语说得再好的人，遇到老外也会晕头转向吧？当然，我们不需要迎合他们，可我们也不能让他们把我们搞晕。

地上有张纸

身边案例

如今社会飞速发展，人们生活水平不断提高，环保意识不断增强，我们的生活环境也更加美好，然而一个突出且不能忽视的问题是，对于环保，很多细节上的保护才是最关键的，是不能被忽视的。

一个胖同学手里有一张纸，只见他揉成一团，然后十分随意地丢在了地上。有没有觉得干净的地板一下子被小纸团给毁了？不一会儿老师过来，看到地上的纸团，于是上前询问这纸团是谁扔的，结果没有一个人承认，都说不是自己扔的，老师很无奈，只好自己走上前去，弯下身子，捡起纸团，扔进垃圾桶。

从这件小事上，我们不妨往大方面说说。目前的中国，仍然

不是发达国家，原因到底在哪儿？或许，某个细节因素，从那一张小小的纸上就能看出来。

在我们的潜意识里，有一个能无限服务于我们的职业——清洁工。殊不知，在这样随手一扔的过程中，我们迷失了自己，依赖了他人。其实是我们对清洁工这个职业产生了误解。清洁工不是为我们每个人服务的，而是维护公共环境卫生秩序的，是在我们合力维护环境下，"查缺补漏"的职业。即便是如此，清洁工人们仍在无私地为我们服务着，让我们的生活环境干净了一些。就是这种默默地服务，却让更多人养成了集体性懒惰，养成"随手乱扔"的习惯。

查尔斯王子是出了名的"环保卫士"，他宣称自己从来不用手机，也不上网。查尔斯王子曾被《时间》杂志评选为"环保领袖和远见人士"之一。

查尔斯王子精心策划一项重大工程，给产品标注上它们的二氧化碳排放值，并且从自己的产品下手。与此同时，他还试图说服自己的母亲伊丽莎白女王，将白金汉宫变成一座真正意义上的"节能皇宫"。比如在花园内设置地源热井，将地下热水直接输入屋内使用，避免二次循环浪费能源。

查尔斯王子说："与其和自然对着干，倒不如和自然合作。"这是他的有机哲学。

制胜法宝

我们或许能看出查尔斯王子在对待环保上有些疯狂的举动，但就是这种疯狂，现在已经征服了世界上很多环保组织。不仅如此，作为一位有机食物的狂热爱好者，查尔斯王子甚至主张关闭麦当劳。

查尔斯王子是一位狂热的有机保守主义者，每年不光要在自己的农场做有机展览来宣布他接下来的环保新动向，还要向民众展示他的环保设计。在他的厨房中，所有的蔬菜都是有机蔬菜，为此他还专门写了一本关于有机食物的书，传授如何烹制有机食物。王子的名声加上有机食物的优势，让这本书很快深入人心，被广大民众追捧，随即掀起了一波又一波的有机风。

环保不仅仅是一个口号，更应该是一种民众意识。环境保护不只是通过保护环境让我们的生活环境更美好，最重要的是对整个大自然环境进行保护。此时的我们若能在环保上贡献一份微薄之力，这对日后几百年的自然变 化，都将起到至关重要的作用。更重要的是，这还是一种素质的提升。

还在学校读书的青少年，都是受过良好教育的未来一代，这代人较之他们的父母，显然享受到了更好的教育。这种优良的教育，不仅仅体现为更好的学习环境，更知名的老师、校长，还在于整个社会环境促使更多学校更看重学生的自身素质。

想想看，偌大的操场干净、整洁，谁会把垃圾丢弃在地上？你可能有这样的经历，在教室或走廊里如果看到哪个学生扔下一

团纸，你会产生排斥他的心理。这是为什么？因为你的素质已经提升，你已在不知不觉中具备了集体意识，具备了保护大环境的能力。

　　随意丢下垃圾，这看上去不是多大的事情，但由此折射出的事情并不小。校园中的我们，迟早要走向社会，而走向社会的目的之一，即是实现自己的理想，实现远大目标，那么这一切靠什么呢？靠的自然是我们的个人能力，而在个人能力中，集体意识、团队精神无疑是非常重要的一个方面。为了维护集体荣誉，我们不会去做伤害名誉的事情。在校园里，如果丢下一团垃圾被看作小事，那么这样的人，到了未来的团队中，可能会觉得中饱私囊算不了什么。

　　想想看，这一环扣一环的能力链条，少了哪个环节都会崩溃。当你发现地上有一张纸的时候，你需要弯腰捡起来，而当你发现自己的心中"有一张纸"的时候，应该怎么做呢？

 地上有张纸

身边案例

在学校的学习中，陪伴我们的同学有很多，但总有一两个让我们又好气又好笑的"鼻涕虫"。他们会让我们终生难忘，并且很难忽略，没错，这个家伙就是同桌。

为什么这么说呢？很明显，同桌是我们在学校相处时间最长的人，而且是唯一一个不管怎么吵架都要坐在一起的人，同时在不知不觉中，争吵会让彼此的关系更密切。

在青春期，我们每个人都很敏感，就算表面看上去大大咧咧，无所作为，但内心是十分在意别人对自己的态度和看法的。当面对我们每天在一起学习、在一起聊天的同桌时，他们对自己的态度则更为重要。就算将来不会成为最好的朋友，可在那个学

123

生时代，他们对你的品评似乎决定了你的人缘。

　　和同桌之间的矛盾是在所难免的，有一个好的解决办法才是关键。如果你的同桌和你是同性别的同学，只要你平时设身处地，用自己的想法对待他就可以了，这样他就能体会你的好意。但过于殷勤，也有可能造成误解。

　　要是你的同桌是异性同学，那么你就应该做出适度的处理，不要过于开放，也不要过于保守。同处青春期的男生和女生在处理很多问题时，很容易过分好或过分不好，这样一来，矛盾四起，结果弄得大家都不自在。

　　通常，我们与同桌会因为一些小事情闹得不可开交。有的时候关系恶劣，还会"反目成仇"，甚至是暗中下点儿"毒手"，来报复自己的同桌。这样一来，不但影响同学之间的关系，还会影响学习。本来同桌二人可以完美配合，增加学习的乐趣和动力，可一旦产生裂痕，双方都会因此受到极大的影响。相信谁也不想每天过着"提防人"的日子吧？不过，我们也不需要为此而恐惧，因为这些都很正常。当流水带走了光阴的故事时，彼此间的那些好事、糗事、麻烦事，都将是最美好的。

　　荷麦说："友谊是一种温静与沉着的爱，为理智所引导，习惯所结成，从长久的认识与共同的契合中产生，没有嫉妒，也没有恐惧。"

制胜法宝

简单地说，小到与同桌的关系，大到与社会的关系，都会影响我们的一生，因此，在与人相处中，一个合适的方法才是王道。由此可见，提高社交能力是非常重要的。

现今的社会，很难判断我们所交的朋友是不是真心对待自己的，每个人都如"孙悟空"一样，说变就变，说不定明天又会变成什么样的性格，拿出什么法宝，用出什么招数，让人头昏眼花，不知所措。

在学校期间，我们接触最多的同桌，有时往往会变成我们最不了解的人。不过，这不是问题的全部。对于我们而言，包容和厚待才是与人相处的最佳办法。

同桌是在生活习惯上、学习方法上都与我们很相近的一个群体，我们对他们的了解，远胜于父母对我们的了解。同桌，这个与我们平时交往最多的人，其实从根本上说不应该成为我们的"对头"，而应该成为我们的合作伙伴。我们与他们一起成长，一起进步，一起打闹，一起受伤，一起振奋……

以同桌为起点，我们在与他人交往时，也一样要更多地关注对方的优点，而忽视他是个"鼻涕虫"的事实。试问孰能无过？孰是完人？因此，把对方身上的优点学来，与他人友善相处，不仅仅会提升我们自己的社交能力，更能让我们在人生路上有更多的志同道合者。

在社交过程中，语言表达能力也十分关键。"良言一句三冬

暖，恶语伤人六月寒"，积极正向、友善宽厚的语言，能让人感受到你内心积极的力量，别人也会被你吸引，喜欢和你交朋友。相反，语言犀利，不留余地，挖人短板，嘲笑嫉妒，语言中若尽是这样的负面能量，谁会跟你做朋友呢？谁会在你有难时出手相助呢？

那么，"鼻涕虫"一般的同桌，难道就没有一点儿能让你学习的地方吗？人人身上有优点和缺点，学会尊重，才是提升你素质的关键。

朋友们，学生时代是不应掺杂功利、世俗之气的，更不要以貌取人。看看那些成功人士，他们哪个不是在诸多方面都异于常人的？那些突出能力的具备，绝不是嘲笑他人而来，绝不是挖人墙脚而来，绝不是恶语伤人而来。他们善于交友，善于从他人身上挖掘出闪光点，为自己所用，这才促成了他们后来的高人一筹。

相信你也一样，期待有一个妙不可言的明天，那么何不从现在开始，以书本为基础，发散自己的思维，让自己具备更多的社交能力，以此让自己的梦想之船起航呢？

除了学习我们啥都不会

身边案例

"书山有路勤为径，学海无涯苦作舟"，这句话总给人一种悲怆感。对于现代校园中的我们来说，再单纯地埋头苦学，就似乎与时代"格格不入"了。

事实上，古圣先贤们也并不完全赞同单纯地"苦学"，其实"善学"才是关键，而"善学"会让我们掌握更多的知识，让自己成为多面手。

孔子曾跟师襄学琴，某天师襄给他一首曲子，让他自己练习，孔子一练就是十多天，师襄忍不住对他说："你可以练习其他曲子了。"孔子答道："我虽然已熟悉它的曲调，但是还没有掌握它的规律。"

过了一段时间，师襄又说："你已掌握曲子的规律了，可以练习其他曲子了。"不料孔子却说："我还没有领悟到它的意境呢。"

不久，师襄发现孔子弹琴的时候神情庄重，四体通泰，就像是换了一个人。这次没等师襄开口，孔子先说道："我已经体会到音乐的意境了，这个曲子中的人物身材挺拔，皮肤黝黑，深谋远虑，好似帝王形象。"师襄一听，大吃一惊，因为这首曲子名为《文王操》，而他事先并未对孔子讲过。

古时候的人最讲究对时间的精打细算，孔子却将大把时间放在音乐上，可见纵然是圣人，也懂得培养特长的重要性。全面发展，也是当今的我们需要思考的。

制胜法宝

作为学生，学习是天职，这固然不错。但是，在学习课本上的知识之余，我们更应该培养自己的其他能力，以达到让知识指导其他能力，从而加速梦想实现的进程。

北京高考理科状元李泰伯，以703分的成绩被清华大学录取，但他平时喜欢为手机铃声谱曲；宁夏文科状元张嘉颖，是校篮球队主力。能看出，这些出类拔萃的学生，绝不只会学习一样东西，除了学习，他们有自己更擅长的。而擅长的，就是其特长；特长，又可以让自己的学习生活没那么枯燥。更重要的，还在于培养特长，能弱化学习压力，让我们的心态更积极、放松，而这种心态对学习起到的作用，是不言而喻的。

此刻，年轻的你，是不是想着赶快把自己的特长发挥一下？别急，学习是基础，没了基础，特长就散了。相信聪明的你，懂得如何权衡二者的关系。

天才在于勤勉

身边案例

用"天才"一词来形容NBA的当红球星科比·布莱恩特，应该是最适合不过的了。18岁的他进入NBA，从此以后，便获得了这个领域的许多荣誉。

NBA常规赛的MVP，总决赛的MVP，得分王，全明星赛的MVP，总冠军，最佳防守阵容……

有人曾问他成功的秘诀，他只回答了两个字——"勤奋"。

制胜法宝

科比仅仅说了"勤奋"两个字，而这两个字代表了什么恐怕只有他自己知道。

他每天上午7点便抵达私人训练场馆开始两小时的训练：跳上箱子随即跳下、加速跑、最大运动量地举杠铃等，这不过是第一步，随后科比还需要深蹲400次、卧举300次才算结束。

哪里有天才？天才不过就是别人喝咖啡的时候他还在努力地提升自己。"业精于勤而荒于嬉"，早在几百年前韩愈就已经告诉我们这一真谛。

作为正在读书的你，仔细地想一想，班级里学习最好的是不是最勤奋的？想一想，如果最近自己学习勤奋一些，成绩是不是就会有或多或少的提高？如果没有，那么很遗憾，你的勤奋还不够，你还应该更勤奋。

在通往梦想的路上，没有捷径，只有勤奋地披荆斩棘，培养自己的能力，才能走向辉煌的人生殿堂。

 # 书山有路勤为径

身边案例

在我国文坛上，我们应该都知道莫言这个名字，没错，他是第一个获得诺贝尔文学奖的中国籍作家。

2011年，莫言荣获茅盾文学奖；2012年，莫言获得诺贝尔文学奖，获奖理由是："通过幻觉现实主义将民间故事、历史与当代社会融合在一起。"

毋庸置疑，对于莫言来说，他成功的唯一信念就是"勤奋和坚持"。

制胜法宝

莫言从来没有抱怨过，只是在默默地坚持着。

小时候的莫言，因为家里很穷，没有办法读到更多书籍。在这样艰苦的环境中，莫言凭借着勤奋和坚持的信念，读遍了家乡附近十多个村庄的各种书籍，他曾在一天之内读完了《青春之歌》，书中的一些段落他现在仍然没有忘记。

已经获得诺贝尔文学奖的莫言感慨道："那些回忆都变成了我的宝贵资源。"

作为正在学校拼搏的你，应该很清楚自己眼下的状况。如果在学习上你也能如此坚持进取，更加勤奋，那么你的学习成绩会更上一层楼，校园生活也会因此而多姿多彩。

"书山有路勤为径，学海无涯苦作舟。"捷径并不是随处可见的，再艰苦的环境都不能成为阻挡你前进的借口！只要自己勤奋并坚持到底，你所期待的成功就极可能在不知不觉中出现在你面前。

 # 用进废退

身边案例

"用进废退"这个观点最早是由法国生物学家拉马克提出的，后来被达尔文推翻了。虽然现在这个观点已经不成立了，但是其中所蕴涵的深意，却广为流传。

拉马克用长颈鹿做比喻。长颈鹿的祖先是矮的，因为要吃高树上的叶子，就拼命"长"脖子，结果脖子长了。

说到这里，一位明星的经历或许能改变某些人，这个人就是"断臂钢琴师"刘伟——2010《中国达人秀》总冠军、2012年感动中国十大人物获奖者并获得"隐形翅膀"的称号。

刘伟有这样一句话：要么赶紧去死，要么精彩地活着。

制胜法宝

刘伟的话很有力量，是"用进废退"的完美诠释。

刘伟所付出的辛苦，是我们无法想象的。他用积极进取的精神击败了残酷的命运。他开始学钢琴的时候，由于指法和趾法相差太大，很多老师都不愿意教他。于是刘伟选择了自学，每天练习趾法超过七小时，在脚趾头一次次被磨破之后，刘伟逐渐摸索出了如何用脚和琴键相处的最佳方法。

可见，无论遇到什么困难，退缩都不是最好的选择。年轻的你，请不要退缩，要勇往直前。如果把任何问题都想成只有两个结果，那必然就是成功和失败，中立的概率是零。如此，我们就了解了那些成功人士之所以成功的办法——他们在别人因为遇到困难而选择放弃的时候，付出了更多的努力来提升自己。

我们举个例子，如果你每天正常走路，这种看似平常的动作会让你的腿变强壮。但如果你受伤了，几个月不去活动，等你康复后，你可能站都站不住，而有些长期卧床的人的肌肉甚至会萎缩。"用进废退"就是这个意思，而我们的大脑也一样。

校园生活可能没有更多关于成功和失败这样庄重的字眼儿，却有顺利和挫折，想一帆风顺，没有任何捷径，你只有在可能提升的地方不断坚持努力。

勤奋的蚂蚁

身边案例

有一只弱小的蚂蚁，误打误撞闯进了一只牛角里，弯弯的牛角对小蚂蚁来说，就像一条极其宽阔的隧道。蚂蚁心想，走出这个神奇的隧道，定会是一个草美水丰的别样乐园。小蚂蚁抱着对未来的憧憬无畏地前进着，却没料到脚下的路越走越窄，直到最后它发现，道路竟窄得难以容下它如此娇小的身躯了。因此，蚂蚁不得不停下来认真思考。经过一番考虑，小蚂蚁决心掉过头来，重新开始。

这一回，他反方向前进，它惊奇地发现，道路越走越宽，最后竟然走出了牛角，外面湛蓝的天空，极其高远，葱郁的大地，无限宽广。

之后，蚂蚁遇人便说："每当你遇到无法逾越的障碍或是无法冲破的阻隔时，不妨换一种方式，换一个角度。这就像面对一扇打不开的门，换一把钥匙，或许就能打开那扇希望之门，在你打开它的瞬间，你可能会通向成功之路。"

阿里巴巴的创始人马云，曾经说过这样一句话："我永远相信，只要永不放弃，我们还是有机会的。"最后，我们还要坚信一点就是，这个世界上只要有梦想，只要不断努力，只要不断学习，都会走向理想之地。

制胜法宝

不要执着于某一方面的问题，如果把纠结的时间用在提升自己的能力上，或许会得到一笔意想不到的收获。就像是小蚂蚁，如果它一直纠结在牛角尖里，那么它注定会死亡，就连选择挑战的机会都没有。

亲爱的同学们，试想一下，如果我们是这只蚂蚁，在遇到问题时，会不会也能及时地换个角度去思考问题所在呢？"不钻牛角尖"，是个简单易懂、众人皆知的道理，但真正意识到并且做得到的人少之又少。哪边是牛角尖，哪边是牛角口，似乎不是你所想象那么容易就能分辨出来的。唯有怀着一颗沉着冷静而善于思考的心，并抱有永不放弃的态度，你才会另辟蹊径，走向明天。

小蚂蚁并没有执着于一条路，而是转换角度来面对问题，最后凭借自己不放弃的精神迎来了广阔的天空。

正在苦恼或是纠结于某件事情上的你，应该有所体会，应该和我们的小蚂蚁一样，转换思路。我们要学习蚂蚁的勤奋——朝着牛角尖走去，但更应该掌握它的智慧——找到逾越沟壑的方法。

成功的钥匙

身边案例

姚明在火箭队昔日的队友——罗恩·阿泰斯特，如今是被中国球迷亲切地称为"慈世平"的NBA现役球员。

在我们的印象中，阿泰斯特并非天才球员，也不是拥有绝技的球员，他没有过多的冠军戒指，但是我们不得不承认，阿泰斯特直到现在的NBA生涯，都是成功的。

阿泰斯特出生在美国加州的一个小城市，他还很小的时候，就已经表现出极高的经商才能。阿泰斯特生来就特别爱吃海鲜，他把打工赚来的钱，还有自己的零用钱，都买了海鲜，用来奖励自己在工作上的付出。可是我们都知道，海鲜价格相对贵一些，一顿海鲜耗光他半个月的零花钱是家常便饭。

141

每次把钱花光后，阿泰斯特就会想，既然自己这么爱吃海鲜，为什么自己不卖海鲜呢？这样既能赚钱，又能随时吃到海鲜，看来这是一个双赢的决定。

说干就干，阿泰斯特向父母借了一笔钱，租下一家店铺，开始经营起自己的海鲜小店。阿泰斯特那时还是个孩子，很多买家特别照顾这位年轻小老板，都爱光顾他的小店。就这样，阿泰斯特的海鲜店越来越红火，赚的钱多到连他自己都想象不出来。

转眼几年过去了，当阿泰斯特长成一个小伙子的时候，他的海鲜店却面临着倒闭的危险。在他小店的附近，又新开了几家海鲜店，阿泰斯特的生意都被这几家店铺抢了过去。后来，因为资金周转不开，连房租都付不起了，无奈之下，他只能在晚上出去打工。

转眼几个月就过去了，但阿泰斯特的生意依然不见好转，他难过地觉得自己的小店应该倒闭了，于是长叹一口气："上帝啊，你为什么不给我一把成功的钥匙呢？"阿泰斯特的父亲看到他难过的样子，便走过来安慰他："孩子，其实上帝对每个人都是公平的，他在你很小的时候就已经给了你这把钥匙。那时，你的海鲜生意多么成功啊！但现在你为什么退缩了呢？"

后来，在父亲的开导和帮助下，阿泰斯特继续经营海鲜店。从这次即将失败的教训之后，阿泰斯特总结了许多经验，他买来了不少小礼物。如果有年长的人来买海鲜，阿泰斯特会赠给老人一副手套，并叮嘱老人保重自己的身体；如果是情侣光顾，阿泰斯特会赠给他们一些鲜花，并给予真挚的祝福；遇到身体不好的病人来买海鲜，阿泰斯特会善意地劝对方，不要吃海鲜，提醒他们海鲜吃多了对身体不好。病人走了，第二天却带来了他的朋友。

就这样，阿泰斯特的生意起死回生了。一年后，他又开了好几家连锁店。此时的阿泰斯特感叹道："原来成功的钥匙一直握在我们自己手里。"

制胜法宝

成功的钥匙一直握在我们自己手里。为什么这么说？既然在我们手里，为什么我们没有感觉到它的存在呢？

其实，当时的阿泰斯特并不明白其中的道理，他还没有意识到自己失败的原因。

阿泰斯特当时对失败原因的回答是："可能是我惹怒了上帝，他现在要来惩罚我。"

但事实并不是这样的。任何人现在所面临的不成功，只是因为他并没有保管好手中那把成功的钥匙。成功的钥匙是什么？就是人们对成功的执着和坚持。如果我们疏忽了这些，我们的钥匙就会生锈，锈到我们自己都认不出来。

开始的时候，阿泰斯特的生意那么好，但他并没有有效地维护自己的客户，没有让客源变得更稳定。当我们面对成功的时候，一旦过去拥有的东西失去了，我们应该想办法把它们夺回来。

阿泰斯特后来能让海鲜店起死回生，其实就是运用了这个智慧，他把失去的客户抢了回来。以前，他和客户的关系，只是单纯的买卖关系，他从不关心客户其他的事情。

现在他明白了，原来上帝早就把成功的钥匙放到了每个人的手中，只是那些粗心大意的人没有善待这把成功的钥匙，让钥匙生了锈。只要我们能及时发现，给钥匙做个保养，就依然能用它打开成功之门，开启成功之路。

我们需要牢记，当我们陷入困境时，先不要怨天尤人，不要

抱怨世界对自己的种种不公平，也不要再去向上帝索要第二把钥匙，静下心来，好好想想，也许我们的钥匙只是生了锈而已，有的可能并没有生锈，依然闪亮，只是被我们忘在了口袋里。

几点钟的太阳都是太阳

身边案例

曾看过一个真实的故事。一位妈妈在大学的时候由于身体的原因放弃了学业，后来在一家公司做职员。虽然她已经做了妈妈，但是仍然想完成未读完的大学。当时，不管是家人还是朋友都觉得她在胡闹，甚至觉得她的行为实在可笑。但她并没有畏惧来自他人的异样眼光，买来了相关教材，认真学习。

功夫不负有心人，她果然考上了当地的一所师范学院。

毕业后，她换了新的工作，在当地的一个事业单位上班。办公室的工作很清闲，大家都在聊天、喝茶、上网、看报。她觉得这样做太浪费时间，于是买来了考研的教材继续学习。这一年，她33岁。

　　同事们都开她玩笑，说她"奔四的人了，还考研"。她依然没有对身边的质疑做出任何回应，只是继续默默地学习，抱孩子吃早饭的时候也不忘背英语单词。第一年，她落榜了，但她并没就此放弃，而是继续努力。第二年，她以优异的成绩考上了。

　　奇迹并没有就此落幕。硕士研究生毕业后，由于成绩很好，她被留校任教。几年后，43岁的她又开始发奋学习，准备考博士研究生。经过一番努力，她如愿以偿。

　　这正是："老骥伏枥，志在千里，烈士暮年，壮心不已。"

制胜法宝

"活到老，学到老"，每个人都应该在提升自我上苦下功夫。因为学习是一生中唯一稳赚不赔的投资，有时我们会问"学它有什么用"，终有一天，我们会发现"它"的真实用处。只要是知识和技能，将来必定会派上用场。

不管我们处于什么年龄段，不管当下处于什么环境，只要想学，什么都不能阻碍我们。学习知识的能力是不会退化的，什么时候开始都不晚，怕的只是从某一时刻开始，失去学习的能力。

"少壮不努力，老大徒伤悲"，年轻的时候放纵自己，年老的时候只能"白了少年头，空悲切"。因此，只要我们想做，能够为之拼搏，就一定会有所收获。

年轻的我们，是刚刚升起的太阳，光芒四射。现在是学习的最佳年龄，虽说只要想学习什么时候都不晚，但随着年龄的增长，一旦我们开始承担某些责任的时候，时间就不由我们自己支配了。

著名作家金庸，八十多岁还在考博。可见，学无止境，学海无涯，学习无论从何时开始都不晚，关键就在于我们有一个肯学、认学的态度。

年轻的你，假如在班级里是个成绩上的"拖油瓶"，那也没有什么可担心的。就算在学习上你干劲儿不足，但相信你必然也有自己的长处。努力发挥长处，从另一方面找到人生突破口，也未尝不是一个办法。

最关键的，还是我们能够把时间用在可提升自我的方面，而我们一直强调的学习，也未必单单指成绩，能够提升自我，我们也等于是站在成功的起跑线上。

 # 人生时钟

身边案例

举世闻名的"发明大王"爱迪生，只上过三个月小学，一度被认为是低能儿。但爱迪生用自己强烈的创造欲和对时间的有效利用，使人们的生活发生了巨大的改变。

一次，爱迪生在实验室里工作，他突发奇想，递给助手一个没有底儿的玻璃灯泡，说："请你量一下这个灯泡的容量。"然后低下头继续工作。

过了好半天，他问："容量是多少？"他没听见回答，转头看见助手拿着软尺在测量灯泡的周长、斜度，并拿了测得的数字伏在桌上计算。他说："时间，时间，怎么费那么多的时间呢？"爱迪生走过来，拿起那个空灯泡，向里面斟满了水，交给

151

助手，说："里面的水倒在量杯里，马上告诉我它的容量。"

助手立刻读出了数字。

爱迪生说："这是多么容易的测量方法啊！它既准确，又节省时间，你怎么想不到呢？还去算，那岂不是白白地浪费时间吗？"助手的脸红了。

爱迪生喃喃地说："人生太短暂了，太短暂了，要节省时间，多做事情啊！"

爱迪生一生都在与时间赛跑，据说为了挤出更多的时间，他利用在火车上卖完报纸后的休息时间做实验，却因此失去了一只耳朵的听力。这样的代价是没有人愿意承受的，但爱迪生高产值的人生却向世人证明了他人生的完美。他不仅告诉我们要珍惜时间，还告诉我们做事情要脚踏实地。

制胜法宝

"人生时钟"是衡量人的一生时间的一种独特方式，它让抽象、夸张的时间实体化，从而更加清晰。如果有两个时钟，一个走得很快，另一个走得很准，不用说，你一定会选择准的。如果这是两种人生，一种是匆匆而过，稍纵即逝；另一种是脚踏实地，劳而有获，那么这两种人生你会选择哪一种？相信一定是第二种。人生就像时钟，我们追求的不是有多快，而是有多准、多稳。

时间就是金钱，但它远比金钱更难得，钱花掉了可以再赚，时间浪费了却永远回不来，要合理安排和分配时间。

昏昏沉沉地睡一天，转眼几个小时过去了，如果有事情没做完，那么又要额外拿出几个小时去工作，这样算来，是不是会额外付出很多不必要的时间？

学习要讲效率，合理地安排学习时间是非常必要的。举个例子，有些同学放学后，回到家里，可能会想："今天学习一天太累了，看会儿电视，上上网，吃点儿好东西，犒劳一下自己！"

但仔细想想，放学后，把这些事情都处理完，需要的不止两个小时。等到放松完，再去想学习的事情，那真是无比的折磨人。因为思想挣扎的精神消耗远大于思考问题的精神消耗，所以该学习时学习，该放松的时候再放松，别在学习时间"忙里偷闲"。

合理地安排学习时间不仅可以提高效率，还可以保证休息质量。从现在开始，我们要做人生时钟的主人，自己安排时间，不

要变成时间的奴隶。

　　"先苦后甜"是前辈们给我们的忠告，时间争取到手后，我们要做的就是脚踏实地，走好每一步。就像是一片平坦的荒原，没有人去开拓，永远都无路可走。多珍惜时间，脚踏实地走下去，一定会有所获取。

 # 洗牌、发牌

身边案例

贝多芬出生在德国的一个贫穷家庭。贝多芬的父亲是宫廷唱诗班的歌手，祖父是宫廷乐团的团长。贝多芬很小的时候，他的母亲就去世了，父亲嗜酒如命，对家里人的生活不闻不问。

贝多芬很小的时候，就被他的父亲拽到钢琴前，每天都得练几个小时，而每弹错一下都要被扇一个耳光。邻居们总是听到这个可怜的孩子的哭叫声。这样的童年时光，给贝多芬心中蒙上了一层阴影。

贝多芬的父亲一直希望把自己的儿子打造成像莫扎特一样的神童。就是这样的童年，让贝多芬日后走上了以音乐谋生的道路。

成年后，贝多芬在音乐上一帆风顺之际，患上了耳聋的疾病，病情逐年恶化，这是对一个音乐家最具破坏性的摧残。他害怕别人发觉他耳聋，逐渐离群索居，命运就这样恶魔般地限制了贝多芬与外界的一切联系。但贝多芬没有放弃，一直凭借着自己的努力不断创作，终于将只有天上才有的美妙乐章逐一带到人间。

贝多芬说："我要扼住命运的咽喉，它休想使我屈服！"

人生如牌局，变幻莫测。世上没有两盘相同的牌局，也没有一模一样的人生。一旦开局就无法改变，就像人生一旦开始，就无法回头。但是，不管怎样，我们只能面对，人生不可能重启，人的命运是上天洗好的牌，要看我们在后天如何努力做一个发牌者，去改变我们的生活，逆转牌局。

制胜法宝

坚强的贝多芬虽然固执地隐藏着自己耳聋的秘密，但是他却做着常人无法完成的事情，小时候的悲惨命运催促着贝多芬前进。

对他来说，音乐就是他的人生，是上天注定的，但是在他成功的时候，上天又发给了他太多的厄运牌。痛苦能够毁灭人，而受苦的人也能毁灭痛苦。上天洗的牌，没人可以选择，但是，我们可以选择与发牌人对抗——贝多芬最终靠自己的努力成为自己命运的发牌者，为自己的人生发牌。最后他成为世界音乐史上最伟大的作曲家、钢琴家、指挥家，被尊称为乐圣。

人生如牌局，一切皆源自人性。在输赢间游走，充满了刺激性，输赢的未知是最让人着迷的地方。牌局的结果是不确定的，事先谁都无法预知结局。如果一开局就知道输赢，还有什么意思？人生亦是如此。

如果人一生下来，就预知他将来会在哪儿生活，干什么工作，拿多少工资，老婆长什么模样儿，孩子的未来如何，那么与知道牌局的结果有什么区别？

人生的精彩在于每一个明天都不可预测。人们不断地努力，就是想掀开最后的底牌。可见，一个能够主宰自己人生的人，随时都可成为命运的发牌者，是永远不会晚的。

洗好的牌，就是已经开启的人生，想要赢牌就要挑战命运。赢牌的秘诀，不在于你抓到一手好牌，而在于打好一手烂牌。

破罐子不能破摔

身边案例

现代社会，压力巨大，不仅让成人不堪重负，就连中小学生也同样备受困扰，"破罐子破摔"的现象在青少年中时有发生。一旦遇到挫折或是难以解决的问题，很多人就想放弃，任由自己去放纵。

汉献帝时期，有一个好吃懒做的人，天天做着偷鸡摸狗的事情。有人好意来劝说，让他走正道，自食其力，称男子汉不能一直颓废。这个人听了以后觉得很惭愧，决定改变自己，重新做人，立志耕作。

但是，想耕作却没有牛，这可怎么办？于是这个人动起了歪脑筋，打算去偷一头牛回来。谁知道这人运气不佳，刚碰到牛，

就被旁边的农夫发现并且抓起来送到官府，并且上了大刑。他因心中有愧，所以甘愿受罚，并苦苦哀求小官吏，别把这件事情告诉王烈，因为当初劝告他走正道的人，正是王烈。王烈曾多次好言相劝，这个好吃懒做的人羞愧难当。

不久，王烈知道了这件事情，并且知道那个好吃懒做的人请求官吏不要把这件事情告诉自己，听完他不仅没有发火，反而对好吃懒做的人进行嘉奖，以此鼓励这个人再次振作。王烈身边的人都不明白他为什么要这样做。当官兵将奖品放在这个人手上的时候，这个人已泪流满面。

数年后，一位老者将剑不慎丢失在途中。一个行人经过，发现此剑，竟然在剑旁一直守候，直至老者回来寻剑。老者果真回来了，见此人正在守剑，兴奋异常，便邀请此人去见王烈，称此人足以成为百姓的楷模。王烈见此"好人"，霎时眼前一亮，原来此"好人"正是昔日窃牛的好吃懒做之人。王烈拍手大叫："小子，有种！有羞耻之心，必有改过之意。"

徐悲鸿大师曾说："人不可有傲气，但不可无傲骨。"道出了深刻的人生哲理。

制胜法宝

做人不能有骄傲之气，但要有傲人之骨。一个人在社会上生存，扮演着属于自己的那个角色，相信人人都不希望自己是一个不好的形象，所以应该有羞愧、廉耻之心，有错必改，不能破罐子破摔。

年轻的朋友，试想一下：当一个人一无是处的时候，家人会跟着伤心失望，自己也会让人看不起，这样的人生谁希望拥有？而这种现实，大多来自破罐子破摔。

一位伟人这样说过：凡有人的地方，就有好、中、差。没错，人生来就不是完全对等的，天生的素质差异是不可避免的，后天的生活环境和所受教育程度也会产生差异，这是一个很客观的现实，必须受到人们的重视。但短时间内达到完全重视又不太可能，所以自我保护和调整是非常必要的。

就像故事里面说的男子，虽然曾经一而再、再而三地犯错，但是思想上一旦有所转变，行为上就会具有动力。破罐子不应该破摔，罐子破了可以补，不要因为一点点挫折就轻易放弃自己、否定自己。

如果你正处于困惑中，也请相信自己，只要勇敢面对自己的错误，就有机会迈进更广阔的世界。此刻的你若选择放弃，将来就可能丢掉整个人生。

即使你曾经是个"破罐子"，也不要破摔。只有敢于面对自己的负面、消极，正面和积极才能靠近我们。

 龙套

身边案例

　　有人可能会抱怨自己的人生就像是在跑龙套，觉得生活无趣，一直生活在最底层。没错，跑龙套的就是这样没有名字，没有表情，没有台词，有的时候甚至别人都看不到脸，但这样的人生不一定就没有幸福和未来。想一下，哪位真正的大明星不是从跑龙套开始的呢？历史上又有几人真的能一步登天呢？

　　相信我们中间大部分人都知道"成龙"，如今的影坛人人都会尊称成龙一声"大哥"。但是，成龙大哥也是从跑龙套做起的。

　　成龙成名前也不是一帆风顺的，从小进戏班没少被欺负。刚入武行的时候，他是绝对的小字辈，也只有在电影中跑龙套的份儿。每天一大早，就要在片场等着武术指导派活儿。那时成龙在

电影圈资历浅，每天只能出演挨打且不能还手的角色，辛辛苦苦被打一天，赚得很少。成龙说："那时我要攒四个半月才能买得起一条牛仔裤。"

可这一切对成龙来说都不算什么，他始终坚持不放弃，懂得从每一天开始努力，更明白眼下的每段经历都将是未来美妙人生必不可少的片段。他坚持练习武术，不断提升自己，终于他得到了拍李小龙的电影《精武门》的机会。

那时，李小龙是大家的偶像，而成龙只能做替身，成龙像沙袋一样被李小龙一脚踢飞的画面连续拍了三遍，而成龙就这样被踢飞了三遍。当收工结账时，成龙只拿到区区5块钱。

成龙曾经说过："我想做像达斯汀·霍夫曼和罗伯特·德尼罗那样的演员，什么剧本也难不倒我。"

制胜法宝

成龙很让人佩服，作为一个有思想的人，面对媒体能说出这样的话，完全可以看出他的自信和对理想的坚守。

辛苦一天只赚5块钱，这样的坚持很少有人能做到，但就是因为不甘心一辈子都做跑龙套的，所以坚持、努力，不管自己现在是否在最底层，只要有实现理想的心，那么努力的起点就是成功的起点——成功的起点没有早晚之分。

人生如戏。在人生的舞台上，或许不是所有人都可以自己做主，也不是所有人都可以做主角。对大多数人来说，他们都会默默地选择去做别人的配角，甚至是龙套。

每个人都有自己的人生，每个人都在演着这场戏，既然如此，为什么我们不在自己的人生中活得更精彩一点儿，成为自己生活中的主角？

积极地看待跑龙套，会发现一样可以跑出前途，就怕我们不想去跑龙套，或者跑得不认真，跑得不好。

龙套，看起来就是次一级的人生，然而真正的人生却没有等级之分，选择了属于自己的起点，那么终点也就在那里等着你。你的选择，注定了你将成为哪种人。

堕落了也能站起来

身边案例

随着年龄的增长，我们在不同的领域过着不同的生活，虽然学习的目的发生了改变，但是最终结果大致相仿。十年寒窗，多少个不眠的夜晚，没人愿意轻言放弃这些年来的努力，不管之前你经历了什么样的困难或是痛苦，甚至曾经堕落过，都应该振作起来，因为学习在什么时候开始都不晚。

小时候的张海迪和大多数孩子一样，很活泼，但5岁那年，她身患重病，不得不做手术，从此以后，从胸部以下都失去了知觉，这意味着，张海迪依靠自己的双腿永远都站不起来。

身边的人都认为她这一生只能依靠别人来生活。可是，这个还不到10岁的孩子，并没有因为自己的身体而自甘堕落，反而

发誓："我要自立，长大了要为人民做点儿事，成为一个有用的人。"这样坚强的举动感动了身边的所有人。

为了能实现自己的愿望，张海迪克服一切眼前的障碍，以病床为课桌，以病房为教室，以书本为老师，自学成才。她开始用识字卡片学习认字，不久，又学会了汉语拼音和查字典。就这样，张海迪踏上了崎岖的自学之路，用自己顽强的意志与命运抗争着，从来没有抱怨过，也从来没有放弃过。

张海迪做第四次手术的时候，全身不能动，朋友来看她时，见床边放着一面镜子，张海迪正全神贯注地盯着镜子。朋友问："你在照镜子？"张海迪说："我在看书。"原来，张海迪在看《英语900句》，因为身体的关系，只能靠镜子反射来看书。

她坐轮椅的时候为了保持平衡，用前胸顶住桌子学习，前胸被压出了一道道血印，然而张海迪却调侃自己说："轮椅让我矮三分，我让人生步步高。"就是这样，张海迪找到了全新的、完整的人生。她还常去学校为孩子们唱歌、谱曲、拉琴，给遇到困难的青年写信，帮助他们克服困难，鼓起他们继续生活的勇气。张海迪的这种不放弃、自强不息的精神，值得我们每个人学习。

张海迪说："一百次倒下，就要一百零一次地站起来！"在她眼中，只要自己愿意，不管身体状况和年龄如何，做什么事情都不晚。只要肯做，思维变化的那一瞬间，我们就已画出了自己的人生起跑线。

制胜法宝

张海迪，一个勤奋刻苦的人，一个积极乐观的人，不管身处何等逆境，却从未放弃。她用自己的亲身经历告诉我们，就算是倒下了，只要想站起来，一切可以从头再来。

正在校园的青少年朋友，风华正茂，可这其中又有多少人能如张海迪一样，具有顽强的意志呢？相信我们中间的大部分人，都远胜于张海迪的身体状况，我们比她更健康，更强壮，更有力量，有着更优越的学习生活环境。

今天的你，可能不是最好的，但明天的你，却应该成为进步最快的。学习从何时开始都不晚，而树立目标并朝着自己的目标勇往直前，也一样没有明确的时间轴线。我们是充满力量的一代，我们要用自己的热情感染周遭的一切。挫折、坎坷、失败，在我们的成长中不可或缺，它们是构建成功的因素，正因有了它们的存在，成功才显得弥足珍贵，成功者才显得那样坚强。

对着镜子看看自己：身体健全，智力上也没有缺陷，为什么不痛快淋漓地朝着自己梦想的方向一路狂奔呢？

犯了错就改，改完就不再犯

身边案例

错误，人人都会犯，人无完人，孰能无过。有过失是可以原谅的，但是，人要有一颗悔改之心。生活可以包容一切，却不代表无限地包容。身边的朋友、同学以及家人，可以为我们所犯的错买单，但也是有底线的，所以我们既然敢犯错，就应该敢认错、改错。

列宁小的时候，母亲带他去姑妈家做客，好动的列宁一不小心打坏了姑妈家的花瓶，谁也没看见。

后来，姑妈问孩子们是谁打碎了花瓶，包括列宁在内的孩子们都说不是自己。不过，列宁的妈妈看到列宁的表情就知道是他干的，因为在家里也时常有这样的事情发生，只是在家里时，列

宁向来都是主动承认错误，从未撒谎。

列宁的妈妈认为，孩子犯错后要勇于承认，而并非对其指责或是责备。于是，她在此后的一段时间里从来没有提过这件事，反而给列宁讲了许多美德故事。从那以后，列宁变得不再活泼了，似乎他的良心正在接受谴责。

一天，小列宁突然失声大哭起来，并且承认了错误。在妈妈的帮助下，列宁给姑妈写信承认了错误。几天后，姑妈寄来了回信。在信中，她不但表示原谅小列宁，还称赞小列宁是个诚实的好孩子。列宁十分高兴，又像以前一样快乐了，他感叹道："做诚实的人真好，不用受良心的谴责。"

制胜法宝

阅历是无价之宝，阅历少而不犯错误的人罕有。阅历少而不犯错误，是好事，但这样的好事也有不好的一面。没犯过错误的人就像从无菌室里走出来的人，免疫力差，一不小心就会走入陷阱。

人的纯洁性不是与生俱来的，人也没有办法一直活在保险箱里。所谓"近朱者赤，近墨者黑"，我们要亲近积极向上的人，远离消极退步的人，而一旦犯错，也应第一时间悔过，不要继续放纵自己。

年轻人犯错要懂得悔改，而不是执迷不悟。别人的原谅、包容会鼓励我们继续前进和改正错误，而不应成为鼓励我们继续犯错的动力。

一个有梦想的人，希望梦想成真的人，也定然是个知错能改之人。犯错不可怕，可怕的是不知改正，不会从错误中吸取教训。

年轻的我们，似乎有着更强大的心理承受能力能够坦然的面对失败，这也正是我们改善自我、提升自我的绝佳时刻。人生的每一段经历，都夹杂着挫折与坎坷，今日的我们也会为昨日的幼稚而暗笑，可今日的行为，是否又会被明日的我们耻笑呢？

人生中每个阶段的经历都是为了日后的经历做铺垫，如果能考虑到这一层面，我们就不会为了一点儿小事和眼前的患得患失而耿耿于怀。更重要的是，我们会开始明白犯错后的改正或许都不是最关键的，关键在于产生改正的思想。

改掉坏脾气的人最强大

身边案例

林肯是美国历史上一位伟大的总统。

有一天，林肯发了很大的脾气。

林肯的爸爸说："你每发一次脾气，就去后院的木头上钉个钉子，如果你忍住了，可以拔掉一个钉子。"

几天后，林肯突然对爸爸说："后院的钉子全被拔光了。"

爸爸说："祝贺你，你爱发脾气的毛病已经改掉了。你的表现很值得赞扬，那么请你再回去看看木头有什么变化？"

林肯跑了回去，思索了半天，发现木头上多了很多小孔。林肯对爸爸说："木头上有许多小孔。"

爸爸说："你看，你发一次脾气，木头就多了一道伤疤，虽

然你的脾气消掉了，但是木头的伤疤却永远都抹除不掉。"

　　好脾气会促使一个人获取成功，坏脾气则会毁掉一个人。更重要的还在于，坏脾气的出现，往往对发脾气的人和接收坏脾气的人皆有影响，而尤以后者为甚。你发一次脾气，几天后心情转好，可是否想过被你发脾气的人，他内心的阴云何时才会散去呢？

制胜法宝

青春是美好的，充满了快乐，但也充满了烦恼和压力。在学校难免会遇到一些不开心的事情，关于学习，关于同学，关于老师，这一切或多或少会让我们忧心忡忡。也正因如此，我们每天都有可能带着情绪与他人相处，于是，一丁点儿火苗都可能引爆埋藏在我们心中的"炸弹"。

众所周知，火爆的脾气和恶毒的语言是精神暴力。我们每发一次脾气，就会伤害别人一次，就算随着时间的溜走，我们的脾气秉性慢慢改变，但曾经对他人造成的伤害却已经存在了，不会因时间的流逝而消失不见。

古往今来，任何有成就者，无一不是能控制自己脾气秉性之人，他们懂得控制情绪，懂得失控情绪给自己和他人带来的损伤。有时，损伤不在于眼下，而在于它长存于受伤者心中，久久不散。因此，渴望获得成就的我们，也一样要改掉自己的坏脾气，即便我们没有悬壶济世的理想，但摆在眼前的一个个现实早已让我们明了——干成一件事，哪怕是芝麻绿豆大的小事，也要摆正心态、心平气和，大动肝火是做不出好事的，就更别提达到什么目标了。

心理健康也是革命的本钱

身边案例

都说身体是革命的本钱，而健康的心理状态也一样。在学习和生活中，我们身边时常会有同学感叹："唉，压力太大了，好累啊！"这些话本不应该来自青少年。作为朝气蓬勃的一代，我们的承受力应该更强，应该有更好的心理状态，应该把那心灵之山蒙上迷雾的因素——剔除，如此，我们方可朝着梦想大步前进。

丘吉尔被英国人称为"快乐的首相"，在任何场合，他的谈话都充满了幽默感，甚至在生命垂危的时候都不忘记自己的幽默："当酒吧关门的时候，我就要走了，再见吧，朋友。"

第二次世界大战战况最激烈的时候，丘吉尔昼夜不停地忙碌，没有时间去睡觉。每天还要乘车穿梭于政府各部门之间，一天下来要在车上度过三四个小时并趁机小憩。德军飞机对伦敦狂轰滥炸时，有人发现丘吉尔总统正在地下室里织毛衣，这是他特有的一种休息、排压方式。

丘吉尔兴趣广泛，音乐、美术、文学、军事、政治等无一不精。尤其在绘画上颇有造诣，甚至在文学上还曾获得诺贝尔奖。诸多方面的潜修，造就了丘吉尔的情操和博大的胸怀。

丘吉尔从小喜欢吃新鲜蔬菜，酒、肉适可而止。健康、规律的饮食保护了他的心脏血管，防止了机体的衰老。丘吉尔心态积极、阳光，不管在什么时候，都循着自己的兴趣做事，他酷爱体育运动，包括骑马、开车、击剑等，他还是游泳健将，同时喜欢风浴、水浴、日光浴。

40岁时，丘吉尔开始学开飞机，竟然也成为一名合格的飞行员。长期坚持锻炼给了他健壮的身体，更重要的是他始终保持心理健康。身体和心理的健康帮助他战胜了千难万险，在事业上大获成功，并成为现代政治家中的长寿者。

亨·奥斯汀说："这个世界除了心理上的失败，实际上并不存在什么失败，只要不是一败涂地，你一定会取得胜利的。"

制胜法宝

现在，青少年心理健康问题是一个值得关注的问题。好的心理状态和积极向上的生活态度，可以帮助我们树立正确的人生观。不管做什么事情，如果在心理上认输了，那么接下来的事情还要怎么做呢？还没上阵，就先打起退堂鼓，做什么事都得落败。如果说勤奋是促成成功的一个因素，那么心理健康似乎是大获全胜的关键。

可是，在我们中间，好像很多人的心理状态都处于"亚健康"阶段。对任何事情，我们的兴趣好像都不甚浓厚，甚至自己热衷的事情，做起来也是虎头蛇尾。显然，这都源自我们的内心不够积极、阳光。

心理健康还表现在我们必须杜绝负面心态，对于任何事情都应从正面考虑，以积极的态度对待万事万物。当然，这或许有些难度。试想一下，在我们身边，有些人会制造一些棘手的麻烦，让我们措手不及，于是在面对这样的人时，我们是很难做到马上转变心态的。

有一件事情众所周知，即大凡有成就之人，必然能容常人所不能容。很多时候，只要我们懂得退一步，就会发现一切都还如最初般美好。

值得一提的是，身在校园的我们，或许并不会总是碰到那种令我们难以容忍的事情，即便碰到，可能考虑到面子或利害关系等问题，我们也会当即"勃然大怒"，因为我们并不觉得此时的

发怒，对于日后步入社会为人处世造成不良影响。殊不知，习惯成自然，当我们的心态总处于阴云之下，日后也难多云转晴了。

　　改变心态，让自己更积极。"勿以恶小而为之"或许并不能恰当地在此作为一个比喻，但它形象地说明，去掉身上的一个缺点，我们就等于收获了一个优点。

玩物丧志

身边案例

不管是学习还是休闲，人们总会有"忙里偷闲"的习惯，即便本身已在休闲之中，却离不开休闲之外的"休闲"，这可以称为"癖好"。但是一个人如果不能克制住自己的小癖好，而让它主宰自己的生命、精神，后果则不堪设想。

卫懿公即位后迷上了养鹤，鹤的羽毛洁白，体态优美，又是吉祥之兆，所以让卫懿公如痴如醉。"上有所好，下必甚焉。"懿公好鹤，那些有求于懿公的官吏便千方百计驱使百姓捕鹤。于是，卫懿公的宫中到处都养着鹤，宫苑不够了，就不断扩建，让百姓的负担越来越重。

卫懿公将鹤按照品质、体姿封为不同官阶，享受相应俸禄。

卫懿公出游，这些鹤也分班侍从，各依品第，搭乘于车中，并且每个"官员"都有侍从。这样的情况持续了很长时间，最终导致国库空虚。为了充盈国库，卫懿公下令向百姓强征，而百姓的温饱却不在他的考虑范围内。

不仅如此，卫懿公因整日好鹤，荒废了朝政，军队亦是人心涣散，黎民百姓皆处于水深火热之中。当时，北狄王正愁手下数万骑兵无猎可狩，于是趁着这一时机，率两万骑兵向卫国突袭。

卫懿公一看大事不妙，急忙下令征兵。但是，此时的卫懿公早已失去了民心，百姓也受够了卫懿公横征暴敛的苦，便大声叫嚷："让大王派那些鹤去打仗吧！它们都享受大夫的俸禄，而我们穷得连饭都吃不饱，怎么有力气打仗呢？"这话一传十、十传百，弄得满城皆知。

此时穷途末路的卫懿公没有办法，只好派士兵去抓壮丁，强行编入军队中。但是，由于平时缺乏训练，整个卫国的军队十分松散，毫无士气可言。最终，那一仗卫国惨败，卫懿公惨死沙场。就这样，好好的卫国，因卫懿公的玩物丧志而灭亡了。

一个人的喜好以及其控制喜好的能力，在某种程度上讲，似乎可以决定其日后的成就高低。我们应该有自己的喜好，也必须有自己的喜好，但是，我们的这种喜好，要对自己和他人有益，而不能损人不利己。

制胜法宝

　　"玩物丧志"，顾名思义，因迷恋于玩赏的事物，而耽误了自己的大好前程，丧失了自己的志向，消磨了积极进取的志气。这个成语是众所周知的，但是其传递出的含义也常常被人们所忽视。

　　很多人都喜欢把"玩物丧志"用在"富家子弟"身上，然而现在太多人逐渐懒惰，让"玩物丧志"乘虚而入，甚至它已经开始吞噬我们青少年。正值青春年华的我们，自然不能在此迷失，荒废了大好前程。

　　贪玩、厌恶学习，是大多数青少年存在的普遍现象，尤其是玩儿，它与学习天生就是"对头"。今天的我们，似乎应该与"玩物丧志"挥手说声"再见"。我们年轻，我们是新的一代，我们有着自己的理想等待着时间去验证。因此，我们的"玩儿"应该更有技术含量，不应只是如多年之前很多人对青少年群体评价的那样：不学无术，叛逆古怪。

　　沉浸于某一种物品或活动中，继而失去自己的斗志，这种玩物的性情，不但让一个人毫无成功的希望可言，而且对一个人的德行有着巨大的影响。这种"玩儿"，会让人失去自我，做出违背自己意愿的事，会让周围的人觉得他好像变成另外一个人。

　　我们应该有正确的人生态度，并不断树立自己的人生目标。要拥有坚定的志向，相信有所成就之人，首先是一个能够克制住自己欲望之人，否则他们早就玩物丧志了。

水满自溢

身边案例

在我们身边，经常会出现一些同学炫耀自己在某一方面取得了小成绩的情形，但是，他们的这种炫耀，通常得到的都是他人的鄙夷。显然，骄傲不是一件好事，谦虚才能使我们进步，水满自然会溢出来，一个人骄傲自满则必定会毫无益处。

关羽出师北进，取得了显赫的战功。当时吴国大将吕蒙回到建业，称病需要休养，实际上是谋划计策以对付关羽。陆逊闻讯来探望吕蒙，两人自然聊起了军国大事。陆逊说："关云长平时欺凌他人已成习惯，现在又屡尝胜果，并立下大功，定会骄傲自满。加上您早已放出回建业休养的消息，关羽定会松懈防范，不把我们放在眼里。他一心只想讨伐魏国，所以我们现在给他出其

不意之攻，他定会措手不及。"

吕蒙对陆逊的见识大为叹服，就向孙权推荐陆逊代替自己前去陆口镇守。陆逊一到陆口，便给关羽写信道："听闻关公战功威武，轻松击败魏军，立下赫赫战功，这件事让天下英豪为之折服！就连晋文公在城濮之战中所立的战功，韩信在灭赵中所用的计策，跟您相比也变得微不足道了。我初出茅庐，在这里以学代职，虽有一官半职，但毕竟学识浅显，经验不足，一直仰慕您的美名与功绩，所以恳求您多多指教。"

关羽看过陆逊的信后，骄傲之情溢于言表，当真被信中的美言吹得晕晕乎乎，居然真把陆逊当作无名之辈。而陆逊呢？他暗中加快了军事部署，待条件成熟后，一举攻克了蜀中要地南郡，致使关羽败走麦城，终遭杀害。就这样，一代大将关羽，为他的自负与轻敌付出了沉重的代价。

老舍曾说："骄傲自满是我们的一个可怕的陷阱，而且这个陷阱是我们自己亲手挖掘的。"人人都有沾沾自喜之心，一丁点儿成绩便可让我们手舞足蹈。其实，我们并不清楚，那种因获得小成绩而来的喜悦心，恰恰是下一次失败的开始。无论何时，不分年纪大小、身份高低，都务必讲求谦逊，因为它不仅仅催人前进，更能让人成功。

制胜法宝

"满招损，谦受益。"这是千年的古训，当今也依然有着它存在的现实意义。不管做什么事情，只有谦虚，才更有可能成功。

谦虚，能让我们保持清醒的头脑，培养出优良的品德，赢得他人的尊重。骄傲自大，只能显出我们的狂妄无知。很多时候，一些人遭人算计，就是因为他们自身骄傲自大，目空一切，觉得自己所算计的一切都滴水不漏。殊不知，这本身就是自以为是的一种表现，而这种表现，得到的也只能是他人的鄙夷和周遭环境加于其身的负面能量。

作为正在校园这座瑰丽殿堂中生活的我们，学习上也应该保持一份谦虚的态度，做到不骄傲、不自满。要正确定位自身的能力，在面对一些简单问题时，不应在解决后沾沾自喜，而应该定下更高的目标。现实和理想一直在天秤的两端，如果我们在理想的一端增加太多砝码，那么我们的人生必定失衡。

有时候，我们会在别人面前过于显露自己的小聪明；有时候，会因为别人没有意识到自己的小聪明而反复炫耀。其实，每个人成功地做完一件事后都会有优越感，但大多数成功者都将喜悦埋藏在心底，并永不止步地朝着下一个更高的目标迈进。

我们也要学会自省，学会谦虚谨慎，低调做人，这应该是促使我们梦想成真的又一精神因素。

诚信是我们的标签

身边案例

诚信是一种美德。

孔子说："人而无信，不知其可也。"多少年来，这句话一直熏陶和启迪着我们，我们也秉承着这一原则诚信做人，曾因诚实守信得到过丰厚的回报，自己也亲身经历或看到过身边人因不讲诚信而受到的"惩罚"。

大家都知道这样一个故事：从前有一个牧童，每天都在山坡上放羊，因为觉得放羊是一件十分无聊的事情，加之年少贪玩，所以就动了坏脑筋，想要捉弄一下村民来取乐。于是，他向着山下正在种田的村民们大声喊："狼来了！狼来了！救命啊！"村民们听到喊声，急忙拿着锄头和镰刀往山上跑，他们边跑边喊：

　　"不要怕，孩子，我们来帮你打恶狼！"

　　山下的村民们气喘吁吁地跑上山来，可连狼的影子都没看见，牧童却在一旁哈哈大笑。村民忙问："你笑什么？狼呢？"牧童说："狼被你们吓跑了我能不笑吗？"村民们觉得很疑惑，可谁也没有说什么，只是觉得没有人受伤就好。

　　第二天，小牧童故伎重演，善良的村民们则再一次被欺骗了，牧童呢？他可是开心了。村民们对牧童如此一而再、再而三地戏弄十分恼火，从此不再相信牧童的话。

　　几天后，意想不到的事情发生了，狼真的来了，一下子闯进了羊群。牧童害怕极了，声嘶力竭地大喊："狼来了！狼来了！救命呀！狼真的来了！"

　　但是，这一次村民们没有理会他，觉得牧童又在戏弄大家，一定是在说谎。最后，牧童的羊成了狼的晚餐。

　　伊索说："说谎话的人所得到的，就只是即使说了真话也没有人相信。"一个满口谎话的人，是断然干不成大事的，甚至任何一件小事都做不成。诚信是我们的标签，一个诚信之人，即使能力有所欠缺，也会受到他人的尊敬；相反，如若不讲诚信，纵然能力超群，别人对他也会敬而远之。

制胜法宝

诚信是一种难能可贵的品质。故事中的牧童，如果诚实本分地看着羊，不戏弄村民，也不会落得那样的下场。

一个人可以没有金钱，没有名利，但不能没有诚信。一个不讲诚信之人，是孤立无援的，在任何时候遇到任何困难，都不会有人伸出援手；反之，把诚信作为人生之基的人，可能处处都有朋友，而这样的人，才是真正的富翁。

诚信也是一种人生态度。选择诚信，比选择名利更具有真实性。生活中的我们，对待任何人都要以诚相待，这恰是年轻的我们急需的美德。

身在校园的我们，对待老师、同学，要以诚信为先，而做一个诚实守信之人，才会得到周围人的欢迎、敬重。待到日后步入社会，在校园养成的习惯自会帮助我们游刃有余地处理各种人际关系和棘手问题。

诚信，这种难得的品质，与勤奋、为他人着想等一样，是促成一个人走向成功的绝对助力。获取成就，需要他人的帮助，而得到他人帮助的条件之一，就是你对他人讲究诚信，如此才能得到帮助。

一个成功之人，一定首先是一个诚实之人，反过来说，是诚实造就了一个人的成功、铸就了一个人的辉煌。

如果说诚实是强而有力的臂膀，成功则是辽阔的天空。丢掉诚实，这片成功的天空将会变得无限空旷、萧索。年轻的我们，应该立诚为根、立信为基，如此才可让我们的羽翼丰满，才能有力地振翅于辽阔天空！